2
1964

Faserforschung und Textiltechnik

WISSENSCHAFTLICH-TECHNISCHE ZEITSCHRIFT
FÜR DIE CHEMIEFASER- UND TEXTILINDUSTRIE

BEGRUNDET VON
ERICH CORRENS UND WALTER FRENZEL

HERAUSGEGEBEN VON ERICH CORRENS –
WOLFGANG BOBETH – HANS BÖHRINGER – HERMANN KLARE

AUS DEM INHALT

Böhringer
Zur Bestimmung der zugelastischen Arbeit von Textilien bei statischer Beanspruchung

Perner und Rudloff
Entwicklung eines Nomogramms zur Bestimmung der optimalen Schlageinstellung an Webautomaten

Kittelmann und Putzger
Theoretische Grundlagen zur Feinheitsbestimmung an Faserstoffen mit dem Vibroskop

Jost und Gröbe
Reaktionskinetische Untersuchungen bei der Entstehung von Celluloseregeneratfäden 21. Mitt. über den Fadenbildungsmechanismus von Viskosekapillarfäden (2. Teil)

v. Hornuff und Grimm
Zur Kenntnis der Feinstrukturveränderungen von PE-Faserstoffen durch chemische und thermische Einflüsse

Menzel
Beitrag zur Untersuchungsmethotik von Strohflachs und Strohhanf

Neue Bücher

Patentschau

Literaturschau

AKADEMIE-VERLAG BERLIN

Faserforsch. u. Textiltechn. · 15. Jahrg. · Heft 2 · Seiten 49–92 · Berlin im Februar 1964

T 148

Textilhilfsmittel aus Schkopau

dokumentieren den Fortschritt in der modernen Chemie und sind ein konstanter Wertbegriff auf dem Weltmarkt.

Die bevorstehende **Leipziger Frühjahrsmesse 1964** bietet Ihnen Gelegenheit, sich an unserem Stand im

Dresdner Hof, III. Etage, Stand Nr. 325/327

über die umfangreiche Palette unserer bewährten nichtionogenen Textilhilfsmittel und Veredlungsprodukte zu informieren. Hier erhalten Sie auch jede gewünschte anwendungstechnische Beratung.

VEB CHEMISCHE WERKE BUNA

VEB CHEMISCHE WERKE BUNA • SCHKOPAU ÜBER MERSEBURG

Faserforschung und Textiltechnik

2
1964

WISSENSCHAFTLICH-TECHNISCHE ZEITSCHRIFT FÜR DIE CHEMIEFASER- UND TEXTILINDUSTRIE

BEGRÜNDET VON ERICH CORRENS UND WALTER FRENZEL

HERAUSGEGEBEN VON E. CORRENS – W. BOBETH – H. BÖHRINGER – H. KLARE

SCHRIFTLEITER J. BRÄMER

INHALT

49 *Hans Böhringer*
Zur Bestimmung der zugelastischen Arbeit von Textilien bei statischer Beanspruchung

59 *Harald Perner* und *Erich Rudloff*
Entwicklung eines Nomogramms zur Bestimmung der optimalen Schlageinstellung an Webautomaten

66 *Walter Kittelmann* und *Dieter Putzger*
Theoretische Grundlagen zur Feinheitsbestimmung an Faserstoffen mit dem Vibroskop

71 *Hartmut Jost* und *Anneliese Gröbe*
Reaktionskinetische Untersuchungen bei der Entstehung von Celluloseregeneratfäden
21. Mitt. über den Fadenbildungsmechanismus von Viskosekapillarfäden (2. Teil)

75 *Günther von Hornuff* und *Harald Grimm*
Zur Kenntnis der Feinstrukturveränderungen von PE-Faserstoffen durch chemische und thermische Einflüsse

80 *Klaus-Christoph Menzel*
Beitrag zur Untersuchungsmethodik von Strohflachs und Strohhanf

84 Neue Bücher

89 Patentschau

90 Literaturschau

Die Zeitschrift „Faserforschung und Textiltechnik" erscheint monatlich in Heften zu 48 Textseiten im Format A 4. Der Preis für das Einzelheft beträgt DM 9,–, für den Vierteljahrbezug DM 27,– zuzügl. Bestellgeld. Die Berechnung erfolgt zu Beginn eines Vierteljahrs für 3 Hefte. Bestellungen aus dem Gebiet der Deutschen Demokratischen Republik an ein Postamt, eine Buchhandlung oder den Verlag, aus der Deutschen Bundesrepublik an eine Buchhandlung oder die Auslieferungsstelle Kunst und Wissen, Erich Bieber, Stuttgart S, Wilhelmstraße 4–6, aus dem Ausland an eine Importbuchhandlung, den Deutschen Buch-Export und -Import. GmbH., Leipzig C 1, Postschließfach 276, oder den Akademie-Verlag GmbH., Berlin W 8, Leipziger Str. 3–4 (Fernruf: 220441; Telex-Nr. 011773; Postscheckkonto 35021) erbeten. Bestellnummer dieses Heftes: 1014/15/2. Alleinige Anzeigenannahme DEWAG-WERBUNG, Berlin C 2, Rosenthaler Str. 28/31, und alle DEWAG-Betriebe in den Bezirksstädten der DDR.

Bestellungen in der UdSSR nehmen entgegen: Städtische Abteilungen von „SOJUZPECHATJ" bzw. Postämter und Postkontore.

Herausgeber und verantwortlich für den Inhalt: Prof. Dr. Erich Correns, Institut für Faserstoff-Forschung der Deutschen Akademie der Wissenschaften zu Berlin, Teltow-Seehof, Fernruf: Teltow 4431; Prof. Dr.-Ing. habil. Wolfgang Bobeth, Institut für Technologie der Fasern der Deutschen Akademie der Wissenschaften zu Berlin, Dresden A 1, Hohe Str. 6, Fernruf: Dresden 40837; Prof. Dr.-Ing. Hans Böhringer, Institut für Textiltechnologie der Chemiefasern Rudolstadt, Fernruf: Rudolstadt 2031; Prof. Dr. Hermann Klare, Institut für Faserstoff-Forschung der Deutschen Akademie der Wissenschaften zu Berlin, Teltow-Seehof, Fernruf: Teltow 4431. Schriftleiter: Joachim Brämer, Teltow-Seehof, Kantstr. 55. Verlag: Akademie-Verlag GmbH., Berlin W 8, Leipziger Str. 3–4. Satz und Druck: Druckhaus „Maxim Gorki", Altenburg. – Veröffentlicht unter der Lizenznummer 1280 des Presseamtes beim Vorsitzenden des Ministerrates der Deutschen Demokratischen Republik.

Manuskriptsendungen von chemischen Beiträgen sind an die Herren Prof. Dr. Correns oder Prof. Dr. Klare, von technologischen Beiträgen an die Herren Prof. Dr. Bobeth oder Prof. Dr. Böhringer zu richten. Für Inhalt und Form gelten die „Richtlinien für die Annahme und Abfassung von Beiträgen", erhältlich von der Schriftleitung. Die Verfasser größerer wissenschaftlicher Arbeiten erhalten außer dem Honorar ein Heft und 50 Sonderdrucke ihrer Arbeit unentgeltlich.

Faserforschung und Textiltechnik

WISSENSCHAFTLICH-TECHNISCHE ZEITSCHRIFT FÜR DIE CHEMIEFASER- UND TEXTILINDUSTRIE

Band 15 | Februar 1964 | Heft 2

Zur Bestimmung der zugelastischen Arbeit von Textilien bei statischer Beanspruchung

Hans Böhringer [1])

80. Mitteilung aus dem Institut für Textiltechnologie der Chemiefasern, Rudolstadt-Schwarza

DK. 620.172:677.06:539.41:539.388.1:539.389.3

Der Meßwert der elastischen Arbeit wird einer Zeitanalyse unterworfen; dabei wird ein in dem Normblatt DIN 53835 enthaltener Fehler aufgedeckt, der rechnerisch erfaßt ist. In diesem Zusammenhang erfahren elastische Arbeit und Erholung eine zahlenmäßige Trennung mit einem Ergebnis, das die Erholung als Kriterium eines Verstreckungsoptimums erkennen läßt. Ermüdungseinflüsse und unterschiedliche Zugbeanspruchungsarten wirken sich auf die Meßwerthöhe des elastischen Arbeitsvermögens praktisch nur belanglos aus.

К определению упругой работы текстильных материалов при растяжении в условиях статической нагрузки

Изучено влияние времени на измеряемую величину упругой работы, причем установлена неточность в методике определения этой работы по стандарту **ДИН 53 835**, которая измеряется путем вычисления. В связи с этим упругая работа и отдых различаются друг от друга по величине, в результате чего величина периода отдыха оказывается критерием оптимальной степени вытяжки. Усталостные воздействия и различные виды растяжения практически не влияют на величину упругой работоспособности материала.

On the Determination of Tensile Elastic Energy of Deformation of Textiles under Static Stress

The time-dependence of the measured elastic energy of deformation has been analysed. An error has been found in the standard DIN 53835 and numerically evaluated. In connection with this, the elastic energy of deformation and recovery are numerically separated and the recovery appears to be a criterion of optimal drawing degree. Fatigue phenomena and various forms of tensile stress have only little effect on the elastic energy of deformation.

1 Einleitung

Die Materialprüfungstechnik benutzt in zunehmendem Maße den Meßwert des Arbeitsvermögens als eines der markantesten Kriterien für die Qualitätsbeurteilung eines Werkstoffes. In den letzten 25 Jahren gelangte man über Tragversuchsergebnisse zu der Erkenntnis, daß die Festigkeit und Dehnung, als Wertmaßstab verallgemeinert, zu erheblichen Fehlschlüssen führen können.

Das Arbeitsvermögen ist in seiner umfassenden Naturgegebenheit nicht nur ein zentraler, sondern auch ein optimaler Informationswert für mechanische Beanspruchung. Die Arbeit, die ein Werkstoff bei seiner Beanspruchung zu leisten vermag, ist dessen potentielle Energie, wobei die volle Aufspeicherung der Energie der Gesamtreißarbeit entspricht, während die elastische Reißarbeit als Rückformungsgröße die Energiereserve darstellt. Bei der Energieabgabe durch mechanische Beanspruchung ist eine möglichst große Energiereserve von wesentlichem Vorteil. Dem höchsten elastischen Arbeitsvermögen als Energiereserve kann die größte Ermüdungsbeständigkeit zugeordnet werden. Hier muß jedoch besonders darauf hingewiesen werden, daß die Zugbeanspruchung als Methodik längs zur Faserachse häufig weniger aussagekräftig ist als das Biegeprinzip quer zur Faserachse. Druck- und Torsionsbeanspruchung sind weitere Prüfarten, denen in der Textilprüftechnik in zunehmendem Maße Beachtung zu schenken ist [1]. Da die Zugbeanspruchung für die Meßtechnik am zugänglichsten ist, wird diese Beanspruchungsart in der gegenwärtigen Phase der Entwicklung am häufigsten angewandt. Ihr gelten auch im wesentlichen die nachstehenden Ausführungen.

Nachdem neuerdings Prüfgeräte zur Verfügung stehen [2], die nicht nur die Gesamtarbeit, sondern auch deren elastischen Anteil mittels Integrator bei jeglicher Beanspruchungshöhe registrieren und darüber hinaus dem geforderten Beanspruchungsprinzip zeitkonstanter Arbeitszunahme und -abnahme beim Zugversuch Rechnung tragen, kann die Prüftechnik heute auf breiter Basis den Meßwert der Arbeit für die Materialbeurteilung heranziehen.

In Fachkreisen scheut man sich noch vielfach, den Meßwert des zugelastischen Arbeitsvermögens als ein Kriterium für die Materialgüte heranzuziehen, da diese Kennzahl vermeintlich einem starken Einfluß der Zeit und der Beanspruchungsart unterworfen ist und diese Einflußgrößen noch ungenügend erforscht sind. Dieser Einwand kann natürlich für jeden Materialkennwert gelten, zu seiner Reproduzierbarkeit bedient man sich daher der Normung der Prüfverfahren.

2 Einfluß der Zeit

Die Phänomene Retardation und Relaxation waren und sind noch heute Inhalt umfangreicher Untersuchungen. Retardations- und Relaxationskurven werden in der Literatur als überlagerte Exponentialfunktion beschrieben. Vorgänge und Zusammenhänge dieser Erscheinungen stehen hier nicht zur Erörterung. Die anzustellenden Betrachtungen konzentrieren sich auf die Zeitanalyse der zugelastischen Arbeit.

Die zweckdienliche Demonstration basiert auf der Durchführung geeigneter Versuche und der Diskussion resultierender Ergebnisse. Als Versuchsmaterial dienten zwei substanzunterschiedliche Chemieseiden

1. Polyamidcordseide 40 (34) tex,
2. Viskosecordseide 154 (600) tex.

Versuchsbedingungen:

Typ der verwendeten Zugprüfmaschine: ZT 10;

Beanspruchungsgeschwindigkeit: mittlere Reißdauer 60 s $\pm$ 5,5 s;

Belastungshöhe: 90% der mittleren Reißkraft;

Einspannlänge: 500 mm;

weitere Versuchsbedingungen gemäß Norm.

[1]) Erweiterte Fassung eines Vortrages anläßlich der Gesamt-Textiltechnischen Tagung, Fachausschuß Textilprüfung, der Kammer der Technik am 15. 11. 1963 in Leipzig

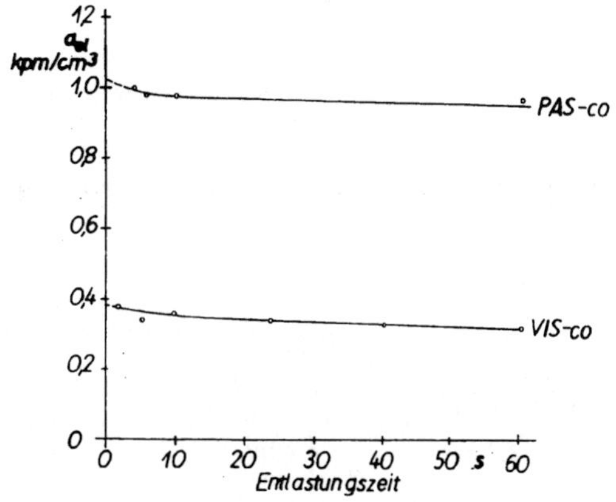

Bild 1. Zugelastische Arbeit als Funktion der Entlastungszeit

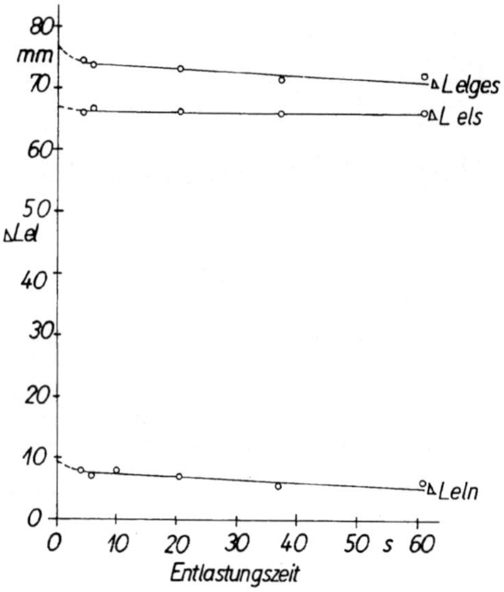

Bild 2. Elastische Längenänderung als Funktion der Entlastungszeit, dargestellt an Polyamidcordseide

Variiert man zunächst bei der Ermittlung der zugelastischen Arbeit die Entlastungszeit, so ergeben sich in einem Versuchsintervall zwischen 3 und 60 s die in Bild 1 dargestellten Linienzüge. Dem Kurvenverlauf ist zu entnehmen, daß in diesem Zeitabschnitt die elastische Arbeit der Polyamidseide um 4,7%, die der Viskoseseide um 17,5% ansteigt. Die weitere Verkürzung der Entlastungszeit bringt keinen sprunghaften Anstieg der elastischen Arbeit, wie mitunter angenommen wird.

Wir wenden uns jetzt der elastischen Längenänderung in Abhängigkeit von der Entlastungszeit zu. Bei der elastischen Längenänderung ist zu unterscheiden in 1. spontane elastische Längenänderung ΔL_{els}, 2. verzögerte elastische Längenänderung ΔL_{eln}, mit elastischer Nachwirkung bezeichnet, und 3. gesamte elastische Längenänderung ΔL_{elges} als Summe von spontanelastischer und verzögert elastischer Längenänderung. Erläuternd ist zu bemerken, daß die elastische Nachwirkung gemäß Norm nach einer Ruhezeit von 1 min nach der Entlastung ermittelt wurde. Bild 2 zeigt das Verhalten an Polyamidseide. In gleicher Weise sind in Bild 3 die Verhältnisse für Viskoseseide veranschaulicht. Die bekannte starke Zeitabhängigkeit der elastischen Nachwirkung kommt im Verlauf der entsprechenden Kurven sinnfällig zum Ausdruck. Die spontanelastische Dehnung ist dagegen nur wenig zeitabhängig, eine Gegebenheit, die sich bereits aus der zugelastischen Arbeit als Funktion der Entlastungszeit gemäß Bild 1 ableiten läßt.

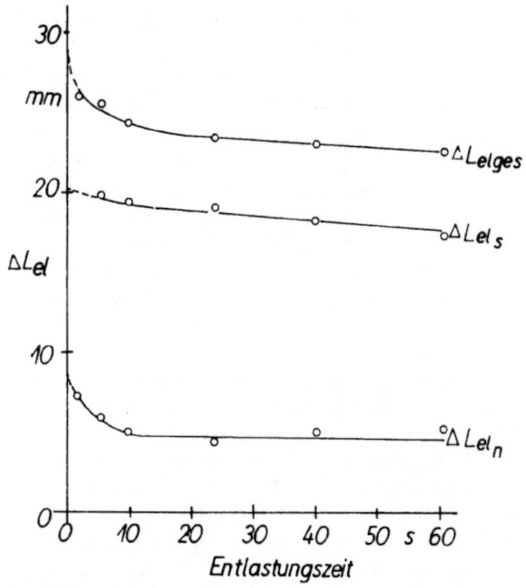

Bild 3. Elastische Längenänderung als Funktion der Entlastungszeit, dargestellt an Viskosecordseide

Zum Verständnis der weiteren Darlegungen wird auf eine frühere Arbeit [1] hingewiesen, in der die Erholung als halbes Produkt aus Rückformungskraft und elastischer Nachwirkung errechnet ist. Dargestellt wurde die Erholung gemäß Bild 4. Hiernach wird die Probe belastet, gleichermaßen entlastet und sodann an einem Probestück die elastische

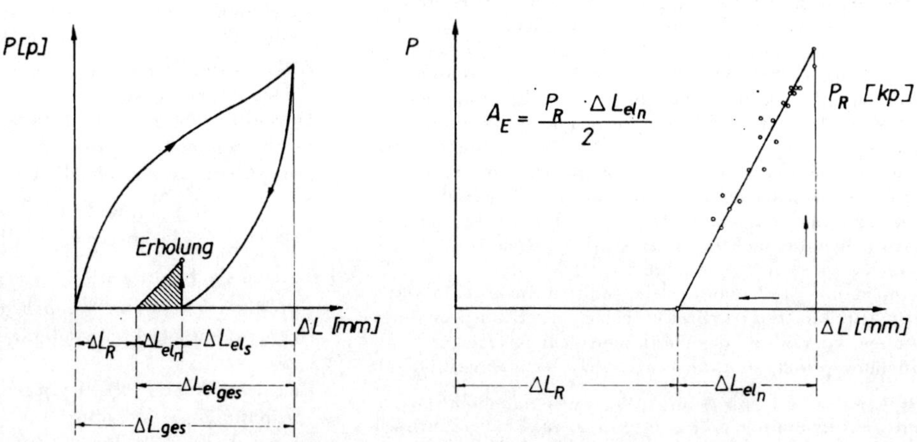

Bild 4. Darstellung der Erholung [1]

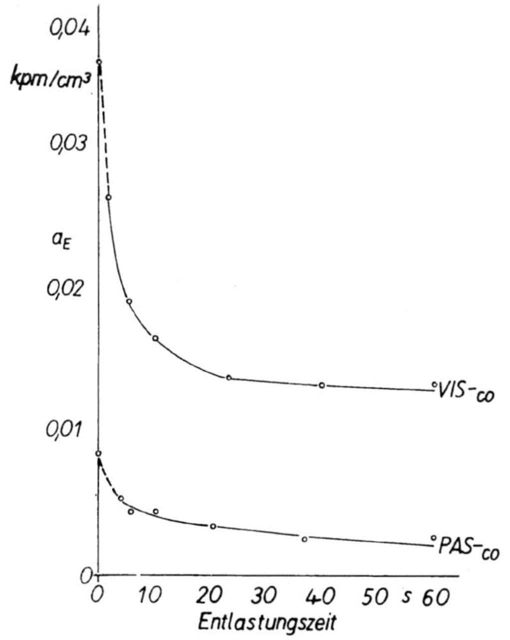

Bild 5. Erholung als Funktion der Entlastungszeit

Nachwirkung, an einem zweiten Probestück die Rückformungskraft bestimmt. Aus der Skizze rechts ist ersichtlich, daß zwischen elastischer Nachwirkung und Rückformungskraft, die durch die Mikro-*Brown*sche Bewegung geliefert wird, Proportionalität besteht.

Betrachtet man jetzt die Erholung als Funktion der Entlastungszeit nach Bild 5, so erkennt man im Gegensatz zur elastischen Arbeit eine stark ausgeprägte Zeitabhängigkeit, d. h. bei Verkürzung der Entlastungszeit rasche Erholungszunahme, die sich gegen den Nullwert zu sprunghaft erhöht. Im übrigen ist interessant festzustellen, daß die Erholung der Viskoseseide gegenüber der der Polyamidseide um einen rd. vierfachen Wert höher liegt. Dieses Verhältnis wird durch die Rückformungskraft und nicht durch die elastische Nachwirkung bestimmt.

In Bild 1 kam die elastische Arbeit als Zahlenwert zum Ausdruck. Zur weiteren Analysierung dieser Kenngröße ist es notwendig, Gestalt und Flächeninhalt der Arbeitsdiagramme einer näheren Betrachtung zu unterziehen. Bild 6 veranschaulicht die Diagramme der elastischen Arbeit bei unterschiedlichen Entlastungszeiten von Polyamidseide, in Bild 7 sind die Verhältnisse für Viskoseseide wiedergegeben. Die Diagramme für

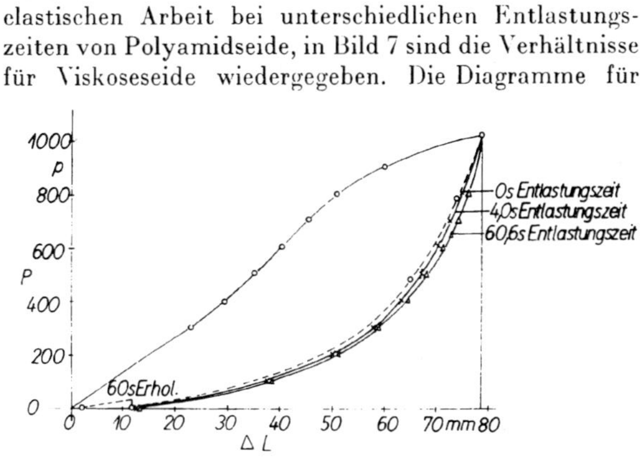

Bild 6. Diagramme der elastischen Arbeit bei unterschiedlichen Entlastungszeiten, dargestellt an Polyamidcordseide

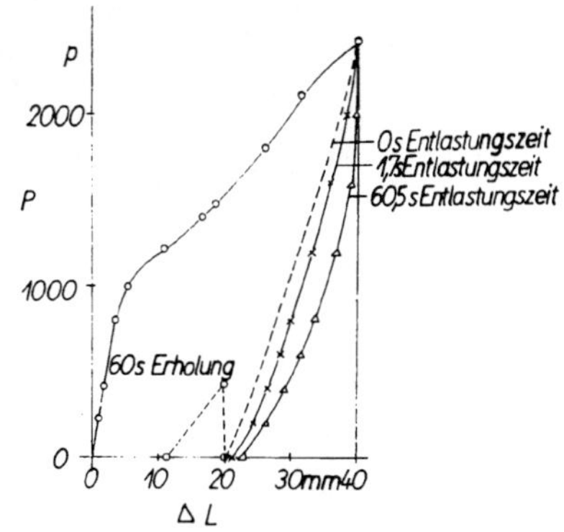

Bild 7. Diagramme der elastischen Arbeit bei unterschiedlichen Entlastungszeiten, dargestellt an Viskosecordseide

spontane Entlastung, d. h. für 0 s sind gestrichelt gezeichnet. Der Flächeninhalt entspricht dem Zahlenwert der elastischen Arbeit in Bild 1. Der Wert für die spontane elastische Längenänderung ist den Kurven in Bild 2 und 3 entnommen.

In den Bildern 6 und 7 wurde zusätzlich die Erholung nach spontaner Entlastung ebenfalls gestrichelt aufgenommen. Der Wert für die elastische Nachwirkung ist wieder aus Bild 2 und 3 entnommen; die Rückformungskraft errechnet sich aus der Erholung und der elastischen Nachwirkung.

3 *Normblatt DIN 53835*

Das Normblatt DIN 53835, Februar 1963, Blatt 1, Prüfung des zugelastischen Verhaltens von Garnen und Zwirnen bei steigenden Kraftstufen im Zugversuch [3] fußt auf der ursprünglichen Norm DIN 3801, Januar 1937, Blatt 2 [4]. Dort heißt es in Abschnitt 4, Zugelastisches Verhalten:

a) Versuchsausführung

Die elastische Dehnung wird als Unterschied zwischen der Gesamtdehnung beim Belasten und der bleibenden Dehnung nach dem völligen Entlasten und Wiederbelasten auf die sogenannte Nullast bei verschiedenen Belastungsstufen ermittelt.

Die Ruhezeit beträgt nach der Entlastung je 1 min.

b) Auswertung

Die elastische Arbeit beim Belastungsvorgang wird entsprechend der Zerreißbarkeit aus einer Schaulinie ermittelt, in der die Belastungsstufen als Ordinaten über den zugehörigen elastischen Dehnungen bis zum Bruch eingetragen sind."

Diese Vorschrift wurde in das Normblatt DIN 53835, Februar 1963, vorbehaltlos übernommen, denn dort ist unter Abschnitt 3, Prüfprinzip, ausgeführt, daß nach der sofortigen, völligen Entlastung „nach einer vereinbarten Ruhedauer mit der Vorspannkraft belastet und die dabei aufgetretene Längenänderung gemessen wird." Abschnitt 9.5, Ruhedauer, ergänzt: „Die Ruhezeit nach der völligen Entlastung der Probe beträgt 1 min."

Ferner lautet Abschnitt 4.8:

„Elastische Reißarbeit ist eine aus dem Kraft-Längenänderungs-Diagramm konstruktiv ermittelte Kenngröße. Sie wird ermittelt durch das Auftragen der Kraftstufen über den zugehörigen elastischen Längenänderungen. Die so gewonnenen Punkte werden durch einen Kurvenzug verbunden."

Den Darlegungen in DIN 53835, Blatt 1, entspricht die Skizze 2, Schema des Versuches, auf Seite 2. Dieses

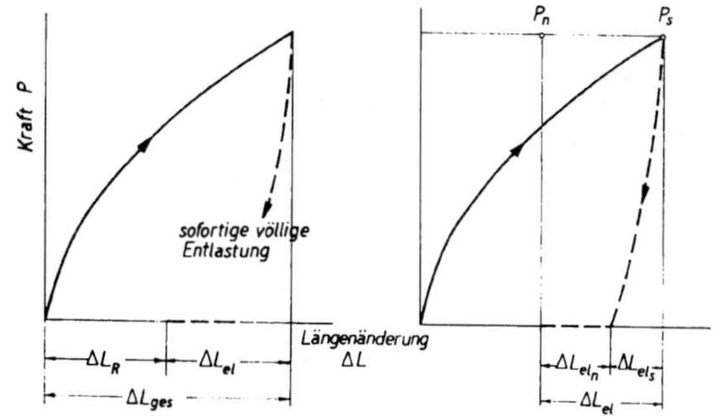

Bild 8. Teilschema des Zugelastizitätsversuches

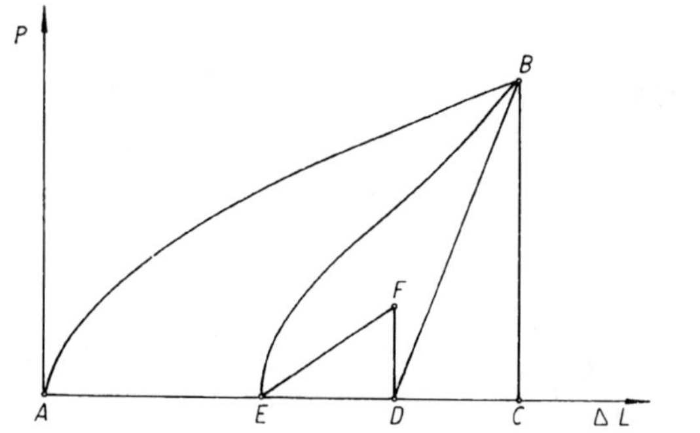

Bild 9. Schematische Darstellung der elastischen Arbeit bei spontaner Entlastung

Schema ist für eine Zugkraftstufe in Bild 8, linke Darstellung, wiedergegeben. Die Kraft-Längenänderungs-Linie nach spontaner völliger Entlastung wird hier strichliert nur angedeutet. Ebenso ist der elastische Anteil der Längenänderung ΔL_{el} nur teilweise als gestrichelte Linie bis zur Ruhezeit von 1 min eingezeichnet. Das Normblatt bringt jedoch an keiner Stelle zum Ausdruck, daß sich die elastische Längenänderung ΔL_{el} in zwei Teile differenziert, in die bereits erwähnte spontane elastische Längenänderung ΔL_{els}, die sich bei sofortiger Entlastung einstellt, und in die verzögerte elastische Längenänderung ΔL_{eln}, die elastische Nachwirkung. Veranschaulicht ist der sich abspielende Vorgang kurvenmäßig in der rechten Darstellung des Bildes 8. In dem Normblatt DIN 53835 setzte man sich mit den hier obwaltenden Verhältnissen deshalb nicht auseinander, weil der Grenzpunkt zwischen spontaner elastischer Dehnung und elastischer Nachwirkung bei sofortiger völliger Entlastung praktisch nur über Kurvenextrapolation gefunden werden kann (siehe Bild 2 und 3).

Dieses Außerachtlassen führte jedoch zu einem prinzipiellen Fehlschluß. Nach Abschnitt 4.8 des Normblattes trägt man die Kraftstufe über der „zugehörigen" elastischen Längenänderung auf, d. h. über dem Punkt, der nach einer Ruhezeit von 1 min gefunden wird. In Bild 8 rechts ist dies der Punkt P_n. Diese Vorgabe ist falsch. Richtig dagegen kann für die Eintragung der Kraftstufe nur der Ort sein, an dem die spontane Entlastung einsetzt, und das ist der Punkt P_s.

Diese Betrachtung mit der grafischen Darstellung offenbart, daß sämtliche bisherigen Literaturangaben, die auf DIN DVM 3801 und DIN 53835 mit ihrem Entwurf [5] beruhen, einen stark überhöhten Zahlenwert für die elastische Arbeit enthalten und somit fehlerbehaftet sind.

Nach dieser Erkenntnis interessiert selbstverständlich in hohem Maße die Größe des Fehlers. Zur Beantwortung der Frage muß das Phänomen der Erholung, die nach der Materialentlastung einsetzt, in den Kreis der Betrachtungen einbezogen werden. Aus Bild 9 leiten sich die vorherrschenden Verhältnisse wie folgt ab:

ABCA	= Gesamtarbeit,
DBCD	= spontanelastische Arbeit,
EFDE	= Erholung nach 1 min Ruhezeit,
EBCE	= konstruktiv ermittelte elastische Arbeit gemäß DIN 53835,
EBDE—EFDE	= fehlerhafte Überhöhung der konstruktiv ermittelten elastischen Arbeit,
	= EBCE + DBCD + EFDE.

Nach diesem Schema läßt sich der Fehler quantitativ nicht exakt ermitteln, da die spontanelastische Arbeit nur über Kurvenextrapolation erfaßt werden kann (siehe Bild 1). Die zur Verfügung stehende Zugprüfmaschine ZT 10 ließ jedoch noch bei 4 bzw. 1,7 s Entlastungszeit eine genaue Messung der elastischen Arbeit für die Polyamid- und Viskosecordseide zu. In Bild 10 und 11 sind die Versuchsergebnisse veranschaulicht. Der Erholungszeit sind entsprechend 56 bzw. 58,3 s vorgegeben. Die Versuchsdurchführung erfolgte sinngemäß in der Weise, daß für jede Belastungsstufe zur konstruktiv ermittelten Arbeit ein neues Probestück Verwendung fand (Anzahl der Einzelversuche je 5 bis 10). Die bei 4 bzw. 1,7 s Entlastungszeit veranschau-

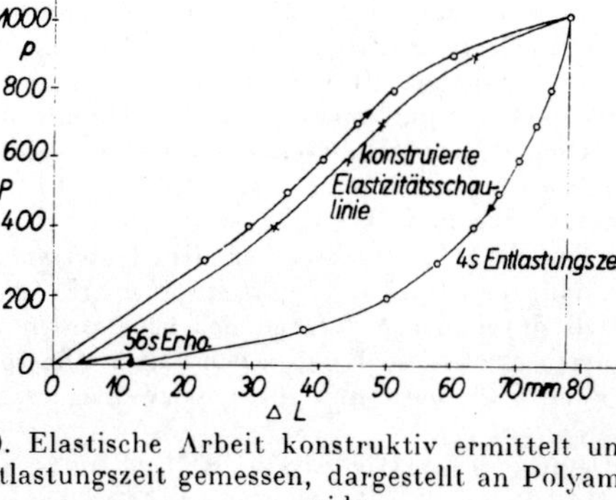

Bild 10. Elastische Arbeit konstruktiv ermittelt und nach 4 s Entlastungszeit gemessen, dargestellt an Polyamidcordseide

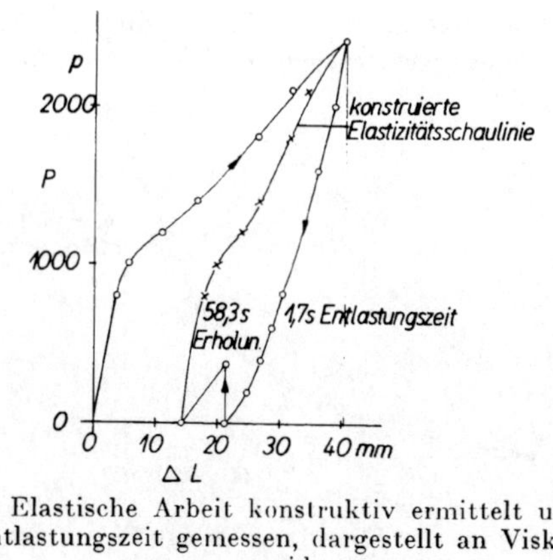

Bild 11. Elastische Arbeit konstruktiv ermittelt und nach 1,7 s Entlastungszeit gemessen, dargestellt an Viskosecordseide

lichten Diagramme der elastischen Arbeit sind aus je 10 Einzelkurven gemittelt, die mittels Schaulinienzeichner aufgenommen wurden. Zur Erhärtung einer guten Reproduzierbarkeit und großen Meßwertgenauigkeit sei erwähnt, daß zwischen Planimeterwert und an der Arbeitsskala abgelesenem Integratorwert eine Differenz von —5,1% für die Polyamidcordseide, von —5,3% für die Viskosecordseide errechnet wurde, ein Unterschied, der bei neueren Prüfapparaten wesentlich kleiner ist.

Auf Integratorablesung fußend, sind nachstehend folgende Werte, in kpm/cm³ ausgedrückt, zusammengestellt.

	Polyamid-cordseide	Viskose-cordseide
Gesamtarbeit	2,57	1,17
elastische Arbeit bei 4 bzw. 1,7 s Entlastungszeit	1,000	0,38
Erholung nach 56 bzw. 58,3 s	0,005	0,03
konstruktiv ermittelte elastische Arbeit	2,343	0,74
fehlerhafte Überhöhung nach DIN 53835	1,338	0,33

Wie aus den Zahlenwerten hervorgeht, ist die fehlerhafte Überhöhung der elastischen Arbeit nach DIN sehr erheblich, sie beträgt für die Polyamidcordseide 133%, für die Viskosecordseide 81%. Diese starke Differenz reduziert sich geringfügig, wenn der Berechnung die etwas unsicheren Werte der spontanelastischen Arbeit zugrunde gelegt werden.

In seiner Arbeit „Grundfragen zur Beurteilung der Zugelastizität von Chemiefasern" wundert sich *Köb* [9], daß der grundsätzliche Unterschied zwischen alter und neuer Auswertemethode, d. h. das Ergebnis nach konstruktiv ermittelter elastischer Arbeit und mittels Integrator gemessener elastischer Arbeit nicht hervorgehoben wurde. Hierzu wird erklärt, daß die quantitative Analyse der elastischen Arbeit erst nach Abschluß der angezogenen Veröffentlichung [1] einsetzte und zu jener Zeit die neuen Erkenntnisse noch nicht vorlagen.

4 *Elastische Arbeit als Funktion der Verstreckung*

Im vorhergehenden Abschnitt wurde bereits hervorgehoben, daß seit dem Jahre 1937 nach DIN gearbeitet wird. Auch das 1954 veröffentlichte Schema zur Erspinnung gebrauchswertoptimaler Chemiefasern [6] nach Bild 12 fußt auf der Arbeitsweise nach DIN DVM 3801 bzw. DIN 35835; es ist inzwischen in die internationale Fachliteratur eingegangen [7, 8]. Der Kulminationsbereich als Maximum der elastischen Arbeit ist hier als Kriterium für das Verstreckungsoptimum angesprochen.

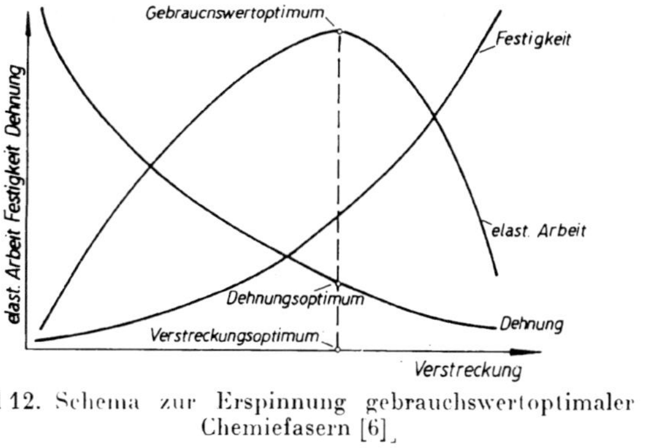

Bild 12. Schema zur Erspinnung gebrauchswertoptimaler Chemiefasern [6]

Die Analyse zum Schema in Bild 9 ließ erkennen, daß die Erholung anteilmäßig in der konstruktiv ermittelten elastischen Arbeit enthalten ist. Die weiteren Versuchsergebnisse geben Aufschluß darüber, wie sich die konstruktiv ermittelte Arbeit, die mittels Arbeitsintegrator gemessene elastische Arbeit und die Erholung in Abhängigkeit von der Verstreckung einer Polyamidseide verhalten. Als Versuchsmaterial diente eine stufenweise verstreckte Polyamidcordseide, wie sie bereits für die Untersuchungen zu Abschnitt 2 und 3, dort mit einem Verstreckverhältnis von 1:3,3, Verwendung fand. Um einen Vergleich zu Darstellungen in früheren Arbeiten ziehen zu können, wurde für die konstruktiv ermittelte Arbeit und für die mittels Integrator gemessene elastische Arbeit durch Kurvenextrapolation die elastische Reißarbeit festgestellt. Die Erholung wurde an Probestücken ermittelt, die zuvor bei einer Belastungshöhe von 90% der Reißkraft beansprucht worden sind. Diese Maßgabe erfolgte aus Gründen der Versuchsabkürzung. Die Beanspruchungsgeschwindigkeit wurde sowohl für den Belastungs- als auch den Entlastungsvorgang einheitlich mit 0,03 kpm cm^{-3} s^{-1} gewählt, entsprechend einem früheren Vorschlag [1]. In Bild 13 sind elastische Arbeit und Erholung als Funktion der Verstreckung aufgetragen. Die Kurve der konstruktiv ermittelten elastischen Arbeit zeigt den bekannten Verlauf mit dem Kulminationsbereich bei einem bestimmten Verstreckverhältnis. Auch die Erholung weist die gleiche Tendenz auf. Dem Kurvenmaximum ist das gleiche Verstreckverhältnis zugeordnet. Völlig überrascht die

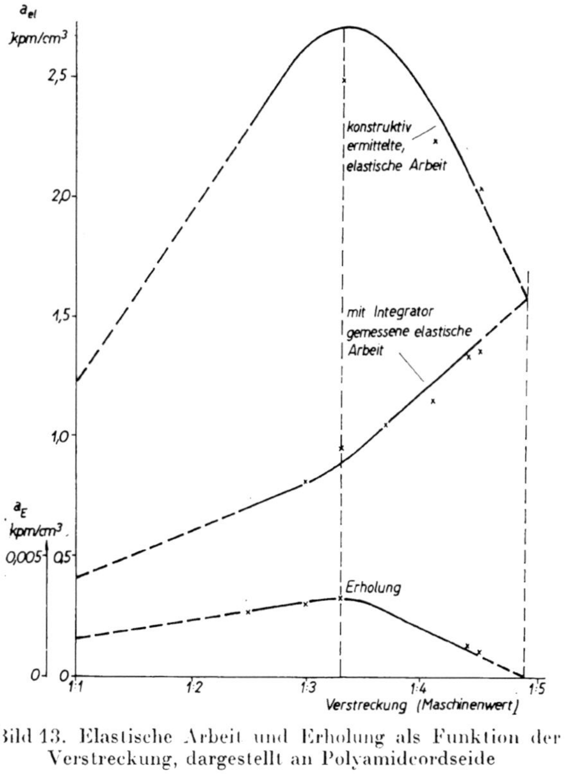

Bild 13. Elastische Arbeit und Erholung als Funktion der Verstreckung, dargestellt an Polyamidcordseide

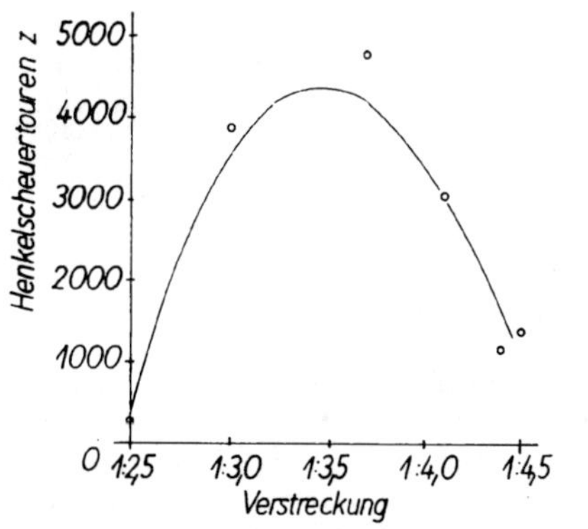

Bild 14. Henkelscheuerung als Funktion der Verstreckung, Versuchsmaterial Elementarfäden einer Polyamidcordseide

von der Erholung unbeeinflußte, direkt gemessene elastische Arbeit mittels Integrator; sie steigt mit zunehmender Vrstreckung stetig an. Diese Feststellung zwingt zu einem Umdenken bisheriger Vorstellungen. Zunächst soll nur herausgestellt werden, daß das Kurvenmaximum als Kriterium des Verstreckungsoptimums seine Aussagekraft nicht verliert, denn es sind Arbeiten [10] bekannt, die analoge Ergebnisse enthalten. Hierzu werden in Bild 14 Untersuchungsergebnisse an Elementarfäden der zur Elastizitätsanalyse herangezogenen Polyamidcordseide eingeblendet. Aus dem Kurvenverlauf geht hervor, daß auch die Henkelscheuerung zu einem Maximum führt, das ebenfalls dem besagten Verstreckungsbereich zugeordnet ist, wie er für die Erholung gefunden wurde.

Da, wie oben dargelegt, die mittels Integrator gemessene elastische Arbeit mit zunehmender Verstreckung stetig steigt, ist in dem Schema zur Erspinnung gebrauchswertoptimaler Chemiefasern, Bild 12, an Stelle der elastischen Arbeit das Phänomen Erholung zu setzen.

In Bild 15 ist außer der elastischen Arbeit und der Erholung zusätzlich die Gesamtarbeit als Funktion der Verstreckung eingetragen. Die Kurven der gesamten und elastischen Arbeit treffen bei erreichter Vollelastizität praktisch zusammen. Die Kurve der Erholung mündet in den Wert 0 ein. Bei diesem Verstreckungsgrad ist unter Produktionsverhältnissen das Ende der Verstreckbarkeit an der Streckzwirnmaschine erreicht. In Bild 15 ist schließlich bemerkenswert, daß dem Kulminationspunkt des Linienzuges der Erholung der Kurvenwendepunkt der Gesamtarbeit entspricht.

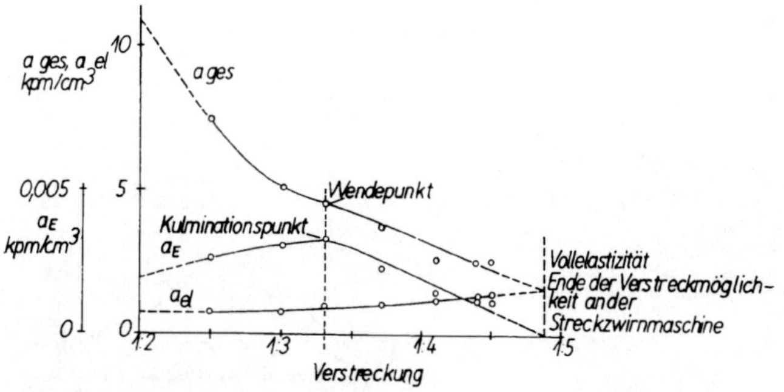

Bild 15. Gesamtarbeit, elastische Arbeit und Erholung als nktion der Verstreckung, dargestellt an Polyamidcordseide

In diesem Zusammenhang läßt Bild 13 noch erkennen, daß die Kurven der konstruktiv ermittelten und der gemessenen elastischen Arbeit nur bei Erreichen der Vollelastizität übereinstimmen müssen.

5 Ermüdung

Im vorhergehenden Abschnitt wurde die Meßwertveränderung der Erholung in Abhängigkeit vom Verstreckungsgrad an einer Polyamidcordseide gezeigt und dabei festgestellt, daß im Bereich des Verstrekkungsoptimums der Erholung ein Maximum zugeordnet ist. Die gesteigerte Erholungsfähigkeit in einer bestimmten Verstreckungsphase deutet darauf hin, daß ein Material in diesem Zustand seine höchste innere Beweglichkeit besitzt, die bei weiterer Verstreckung, d. h. bei zunehmender Überstreckung abnimmt, gekennzeichnet durch innere Verspannungen, die durch Quellungs- und Temperatureinwirkungen teilweise wieder gelöst werden können.

Es ist naheliegend, aus diesem Verhalten zu schließen, daß dem optimalen Verstreckungsbereich auch die geringste Materialermüdung entspricht. Das Wechselspiel Ermüdung und Erholung ist jederzeit und überall zu beobachten. Wenn der Ermüdung nicht die Erholung folgen kann, tritt vorzeitiger Verschleiß ein. Nach Darlegungen in früheren Arbeiten [11,1] ist die Ermüdung ein Zustand (nach neuerer Auslegung auch ein Vorgang), in den ein Material durch die Einwirkung einer Dauerspannung versetzt wird, bei der es mechanische Eigenschaften zum Teil oder völlig einbüßt. Als Ermüdungscharakteristik wurde der Abfall der elastischen Arbeit in Abhängigkeit von der Zeit bei konstanter Spannungseinwirkung angesehen. Diese Deutung erfolgte seinerzeit anhand von Meßwerten der konstruktiv ermittelten elastischen Arbeit. Nachdem der diesen Werten anhaftende Fehler erkannt und ausgemerzt ist, werden völlig andere Verhältnisse offenbar.

Der Ermüdungsversuch mit einer Polyamidcordseide (aus der in Abschnitt 4 verwendeten Verstreckungsreihe, Verstreckungsstufe 1:3,3) veranschaulicht das Verhalten. Belastet man die Prüfprobe statisch in Zeitstufen bis zu 200 h, das ist die Spannungsdauer, bei der der Ermüdungsbruch erfolgt, und bestimmt für die Zeitstufen die gesamte und elastische Reißarbeit, so resultiert ein in Bild 16 veranschaulichter Kurvenverlauf. Das Überraschungsmoment in dieser Darstellung ist

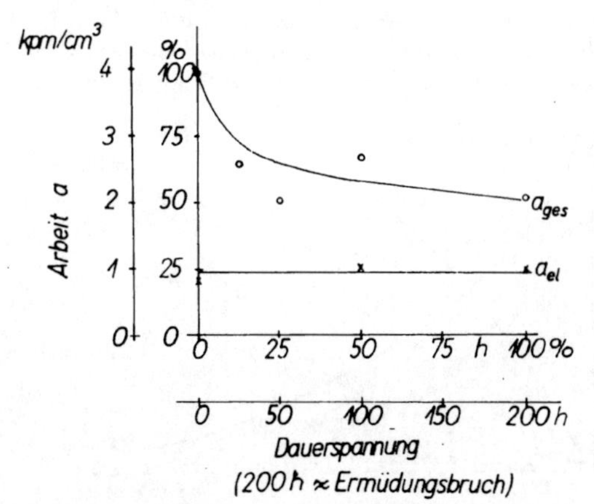

Bild 16. Gesamte und elastische Reißarbeit als Funktion der Spannungsdauer, dargestellt an Polyamidcordseide

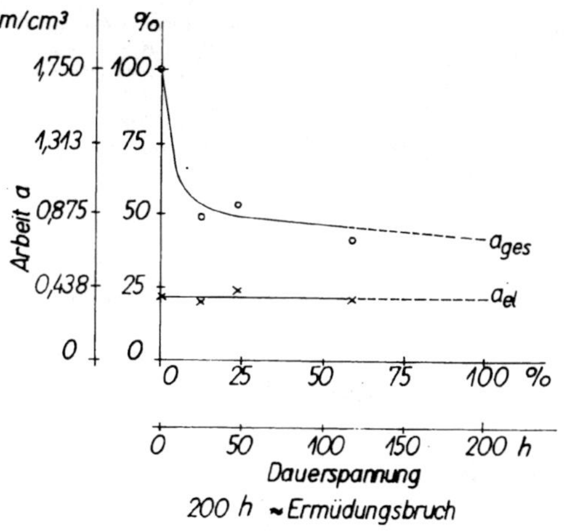

Bild 17. Gesamte und elastische Reißarbeit als Funktion der Spannungsdauer, dargestellt an Viskosecordseide

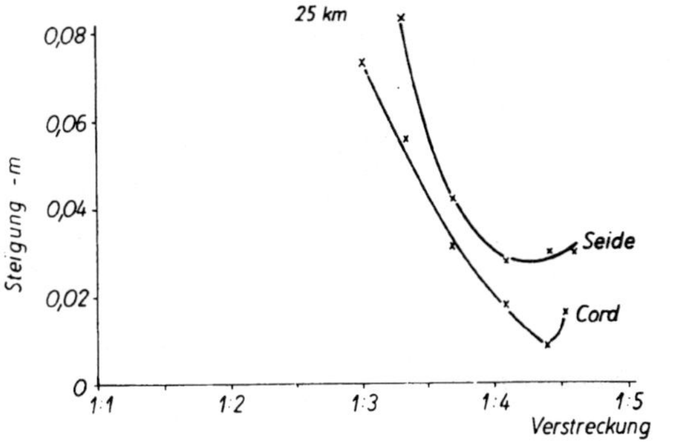

Bild 18. Steigung -m in Abhängigkeit von der Verstreckung, dargestellt an Polyamidcordseide und daraus hergestelltem Cord

die praktisch völlige Konstanz der elastischen Arbeit während der zunehmenden Ermüdung bis Ermüdungsbruch. Eine stete Abnahme erfährt in ihren Meßwerten die Gesamtarbeit. Die Differenz zwischen gesamter und elastischer Arbeit ist die Verlustarbeit. Im nächsten Bild 17 wird gezeigt, daß sich die Viskoseseide gleichermaßen wie die Polyamidseide bei der Ermüdung verhält.

Diese Ermüdungsversuche führten zu dem interessanten und wichtigen Ergebnis, daß ein Faserstoff bei fortschreitender Ermüdung das ihm innewohnende elastische Arbeitsvermögen nicht einbüßt. Das Material steht in diesem Zustand unter hohen inneren Spannungen, die eben den Bruch auslösten. Das verbliebene, teilweise beträchtliche Arbeitsvermögen läßt jedoch folgern, daß der Faserstoff auch nach seiner völligen, zum Bruch geführten Ermüdung volkswirtschaftlich noch recht wertvoll sein kann. Den Beweis hierzu liefert vielfach die Praxis, die auch über Quellungs- und Temperatureinwirkungen sowie hydrothermische Behandlungen das Material unter Schrumpfung entspannt. Es drängt sich dabei die Frage auf, inwieweit die Ermüdung generell eine Gebrauchswertminderung verursacht. Eine quantitative Aussage, die eine ökonomische Forderung darstellt, zwingt naturgemäß zu sehr systematischer und exakter Versuchsdurchführung.

Weiter oben wurde ausgeführt, daß dem optimalen Verstreckungsbereich auch die geringste Materialermüdung entsprechen dürfte. In bildlicher Darstellung ergäbe sich eine zur Erholungskurve gegenläufige Ermüdungskurve, wobei dem Erholungsmaximum das Ermüdungsoptimum bei gleicher Verstreckungsstufe zugeordnet ist. Da sich eine solche Hypothese nach jetzt vorliegenden Ergebnissen nicht über die Veränderung der elastischen Arbeit bestätigen läßt, müssen andere Wege gesucht werden, möglichst mit der Maßgabe der Messung von Ermüdung und Erholung mit gleicher Dimension, um das Wechselspiel beider Phänomene zahlenmäßig vorbehaltlos zum Ausdruck bringen zu können.

Winkler [12] kommt neuerdings bei seinen Untersuchungen über das zugelastische Verhalten von Textilien hinsichtlich der Ermüdung zu einem Ergebnis, das in Analogie zu der hypothetischen Ermüdungskurve gesetzt werden kann. Er verwendete für seine Versuche einen Polyamidcord Nm 34/4/2, dem eine Seidencord-Verstreckungsreihe zugrunde lag. Ermüdet wird das Material hier mit konstanter Wechselkraft. Das elastische Dehnungsverhältnis D (bisher Elastizitätsgrad ε_{grad} genannt), das durch diese Beanspruchung stetig abfällt, zeigt als Funktion der Lastwechselanzahl L im doppellogarithmischen Netz eine gerade Linie folgender Form:

$$-m = \frac{\lg D - \lg C}{\lg L}.$$

Den Abschluß der Arbeit bildet eine Darstellung, in der für verschiedene, zur Wechselbeanspruchung eingestellte Kraftstufen die Steigung $-m$ als Funktion der Verstreckung veranschaulicht. In Bild 18 ist die für die Kraftstufe 25 km Zugkraftlänge resultierende Kurve herausgezeichnet. Nach *Winklers* Worten „läßt die Steigung $-m$ eine eindeutige Entscheidung zugunsten der Seide mit einem Verstreckungsgrad $V = 1:4{,}4$ zu."

Der hier herausgestellte Verstreckungsgrad 1:4,4 trifft für den Polyamidcord Nm 34/4/2 zu. Da dieser Verstreckungsgrad für die zur Vercordung verwendete Polyamidseide nicht bekannt war, wurde er in eigener Versuchsdurchführung ermittelt. Das Ergebnis ist in Bild 18 eingezeichnet. Man ersieht, daß das Kurvenminimum praktisch dem des Cordes entspricht.

Die in Abschnitt 4 demonstrierten Versuchsergebnisse wurden mit der gleichen stufenweise verstreckten Polyamidcordseide durchgeführt, wie sie für die eben erörterten Untersuchungen Verwendung fand. Direkte Vergleichbarkeit ist somit gegeben. Dort wurde gefunden, daß der höchsten Erholung ein Verstreckungsgrad von 1:3,3 entspricht, hier stellte sich dagegen heraus, daß der geringsten Ermüdung ein Verstreckungsbereich von etwa 1:4,4 zuzuordnen ist. Diese als Diskrepanz gewertete Differenz wirft ein Problem auf, das bedeutungsvoll genug ist, einer raschen Bearbeitung und zufriedenstellenden Lösung entgegengeführt zu werden.

6 Einfluß der Zugbeanspruchungsart

Die Literatur weist zahlreiche Veröffentlichungen auf, die die Geschwindigkeit und die Art der Beanspru-

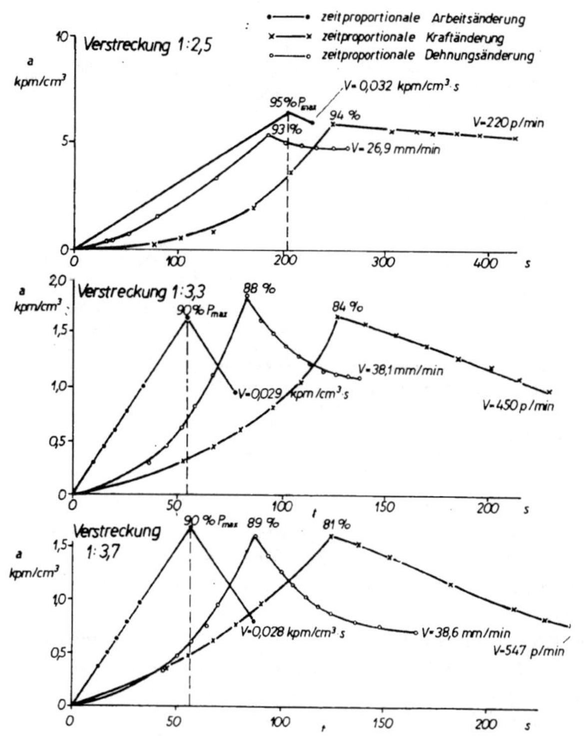

Bild 19. Zeitabhängigkeit der Arbeitszu- und -abnahme bei drei Zugbeanspruchungsarten, dargestellt an Polyamidcordseide

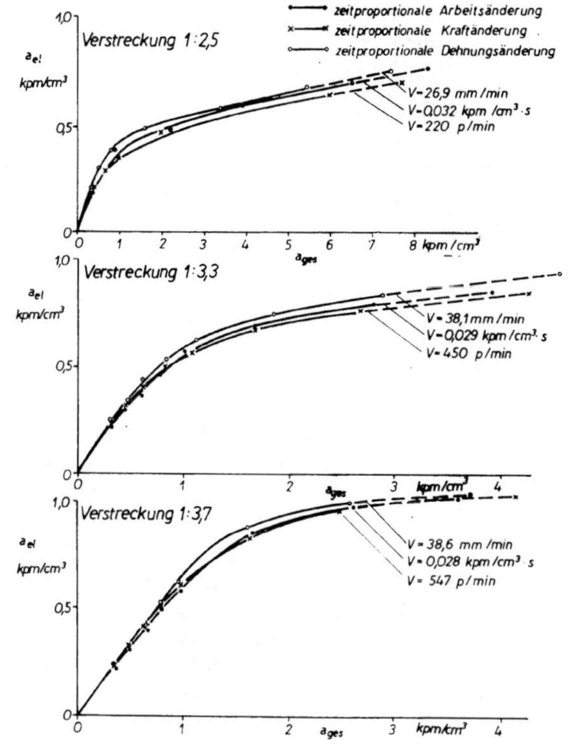

Bild 20. Elastische Arbeit in Abhängigkeit von der Gesamtarbeit bei drei Zugbeanspruchungsarten, dargestellt an Polyamidcordseide

chungen behandeln. Heute kennt man folgende Zugbeanspruchungsarten:

1. konstante Abzugsgeschwindigkeit der ziehenden Klemme,
2. konstante Belastungsgeschwindigkeit,
3. konstante Verformungsgeschwindigkeit der Probe,
4. konstante Spannungsgeschwindigkeit,
5. konstante Formänderungsarbeit.

Aktuell sind im gegenwärtigen Stadium der Entwicklung die Beanspruchungsarten nach 2, 3 und 5. Die Forschungs- und Entwicklungsstelle des VEB Werkstoffprüfmaschinen Leipzig schuf für diese drei Prinzipien Programmsteuerungen, die eine exakte Versuchsdurchführung mittels ZT-Zugprüfmaschinen zulassen.

Als Ausgangsmaß für die Beanspruchungsgeschwindigkeit bei zeitproportionaler Arbeitszu- und -abnahme diente nach einem früheren Vorschlag [1] der Wert 0,03 kpm $cm^{-3}s^{-1}$.

Für die Versuchsdurchführung fand wieder die stufenweise verstreckte Polyamidcordseide Verwendung. Die Belastungshöhe wurde, vorhergehenden Versuchen entsprechend, mit 90% der Reißkraft vorgegeben. Kleine Abweichungen von dieser Prüfbedingung waren praktisch unvermeidbar. Von Probenmaterial zunächst der drei Verstreckungsstufen 1:2,5, 1:3,3 und 1:3,7 sind die Versuchsergebnisse graphisch dargestellt. Bild 19 läßt die Arbeitszu- und -abnahme, d. h. die Gesamtarbeit und die elastische Arbeit in Abhängigkeit von der Zeit, bei den drei verschiedenen Zugbeanspruchungsarten erkennen. Der Zeiteinfluß auf die Beanspruchung ist in seiner Differenziertheit klar ersichtlich. In Bild 20 gelangte die elastische Arbeit in Abhängigkeit von der Gesamtarbeit bei den drei Beanspruchungsarten zur Darstellung. Erwartungsgemäß übt die unterschiedliche Beanspruchung einen deutlich sichtbaren Einfluß auf die Formänderungsarbeit aus. Dabei wird jedoch der elastische Anteil wenig betroffen. Erkennbar ist dabei, daß die zeitproportionale Deh-

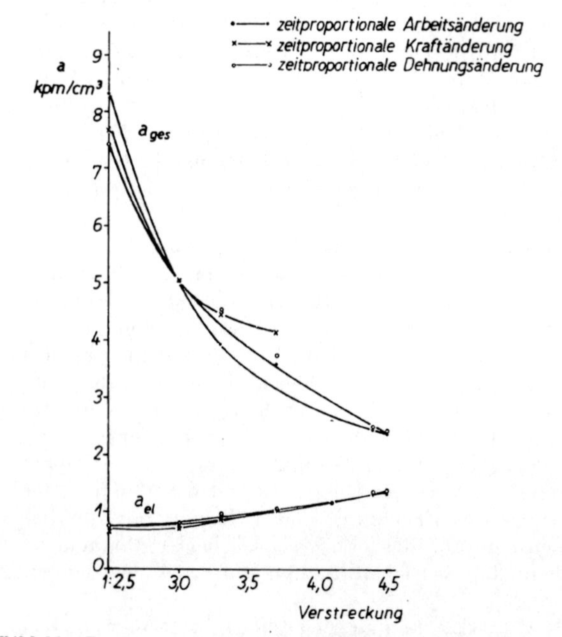

Bild 21. Gesamte und elastische Reißarbeit in Abhängigkeit von der Verstreckung bei drei Zugbeanspruchungsarten, dargestellt an Polyamidcordseide

nungsänderung zu etwas höheren Werten der elastischen Arbeit als die zeitproportionale Kraftänderung führt und sich die aus zeitproportionaler Arbeitsänderung resultierenden Werte zwischen den beiden anderen bewegen.

Interessanten Aufschluß gibt die Aufzeichnung der gesamten und der elastischen Reißarbeit in Abhängigkeit von der Verstreckung bei den drei Beanspruchungsarten gemäß Bild 21. Die Kurven der Gesamtreißarbeit weichen in den äußeren Bereichen stark voneinander ab; ihre zusätzlichen Überschneidungen weisen auf komplizierte Strukturänderungen des Fasersubstanzgefüges während der Zugbeanspruchung hin. Bezeichnenderweise zeigen die Kurven der elastischen Reißarbeit unter sich praktisch kaum einen Unterschied. Aus dieser Feststellung und den vorhergehenden Versuchsergebnissen ist erkennbar, daß sich der Meßwert der elastischen Arbeit nur geringfügig durch die Be- und Entlastungsgeschwindigkeit ändert. Die stetig steigende Tendenz der Meßwerte der elastischen Arbeit mit zunehmender Verstreckung wurde bereits bei der Diskussion des Bildes 13 hervorgehoben.

7 Kennwert der elastischen Arbeit in der Reißzone

In früheren Betrachtungen [1, 11, 13) wurde wiederholt darauf hingewiesen, daß die Werte der elastischen Arbeit in niederen Beanspruchungsbereichen noch keine Aussagekraft besitzen. Das elastische Dehnungsverhältnis ist in dieser Zone bedeutungsvoller. Bei zunehmender Materialbeanspruchung resultiert ein größer werdender Informationswert für die elastische Arbeit, sein Optimum liegt im Reißzonenbereich. Die hier obwaltenden Verhältnisse werden übersichtlich, wenn man sich vorstellt, daß im Augenblick des Reißens sämtliche diesem Vorgang Widerstand leistenden Energiereserven ausgeschöpft sind, die naturgemäß in niederen Beanspruchungsbereichen nicht zur Auswirkung gelangen. Die Ermittlung der elastischen Arbeit in der Reißzone ist im übrigen unerläßlich, wenn Ermüdungsversuche bis zum Bruch durchgeführt werden.

Der Meßwert der elastischen Reißarbeit läßt sich nur über Kurvenextrapolation ermitteln. Da dieser Maßnahme eine gewisse Unsicherheit anhaftet, wurde gegen diesen Wert als Beurteilungsgröße wiederholt Stellung genommen. Neuerdings wendet sich *Winkler* [12] gegen die Extrapolation. Er erläutert nach Bild 22 zwei Mög-

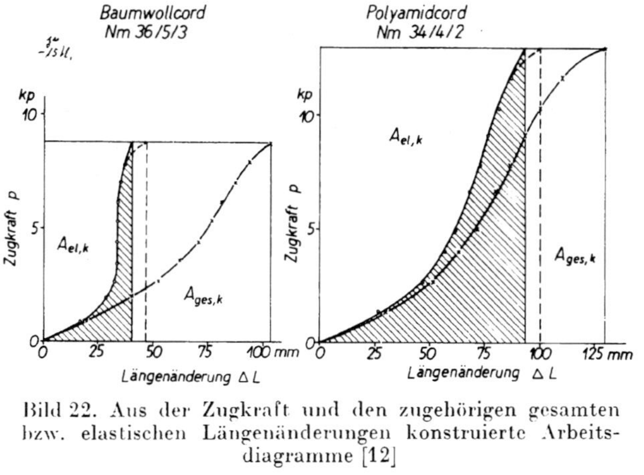

Bild 22. Aus der Zugkraft und den zugehörigen gesamten bzw. elastischen Längenänderungen konstruierte Arbeitsdiagramme [12]

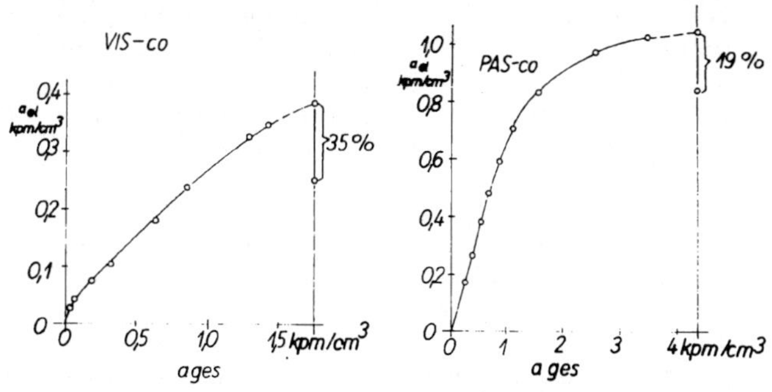

Bild 23. Darstellung der elastischen Arbeit über der Gesamtarbeit

lichkeiten der Linienführung und errechnet aus den resultierenden Diagrammen Wertunterschiede für einen Baumwollcord von 48 kp mm und für einen Polyamidcord von 90 kp mm, d. s. 35% bzw. 19%, bezogen auf den jeweils höheren Wert. Diese nach DIN 53835 erfolgte Auswertung ist allerdings wenig geeignet, den Wert für die elastische Reißarbeit möglichst real zu erfassen. Eine hinreichende Genauigkeit ist demgegenüber erzielbar, wenn man die Meßwerte der elastischen Arbeit über denen der Gesamtarbeit aufträgt und den resultierenden Kurvenverlauf extrapoliert. In Bild 23 erfolgte diese Darstellung für die hier zu Versuchen herangezogene Viskose- und Polyamidcordseide. Unter Beibehaltung der Kurvenverlaufstendenz erfolgte die Kurvenverlängerung bis zur Reißzone. Es wird nicht bestritten werden können, daß die gestrichelten Kurvenabschnitte real sind. Die eingezeichneten Prozentsätze für als möglich gehaltene Abweichungen dürften sich befriedigend reduzieren lassen.

8 Schlußbetrachtung

Die Analysierung der zugelastischen Arbeit führte zur Aufdeckung eines durch die Norm hereingetragenen Fehlers, der sich seit dem Jahre 1937 durch die Fachliteratur zieht. Die quantitative Erfassung dieses Fehlers ermöglicht die Abschätzung vorhandener Trugschlüsse und deren Richtigstellung. Der Wert für die konstruktiv ermittelte Reißarbeit bedarf einer erheblichen Korrektur, da er gegenüber dem Realwert bis zu einem $2^1/_2$fachen Betrag höher liegen kann. Der Vergleich unterschiedlich resultierender Zahlenwerte führte zu neuen Erkenntnissen, die an einer stufenweise verstreckten Syntheseseide demonstriert wurden. Das Phänomen der Erholung gewinnt unter neuem Aspekt erhöhte Bedeutung. Als Besonderheit ist dabei hervorzuheben, daß ein kleiner Wert große Aussagekraft besitzen kann. Der Meßwert der Erholung liegt rd. 1 bis 2 Zehnerpotenzen niedriger als der der elastischen Arbeit.

Aus den verschiedenen Darstellungen

1. Zugelastische Arbeit als Funktion der Entlastungszeit (Bild 1),
2. Elastische Reißarbeit als Funktion der Spannungsdauer (Bild 16 und 17),
3. Elastische Reißarbeit in Abhängigkeit von der Verstreckung bei 3 Zugbeanspruchungsarten (Bild 21)

ist, entgegen bisherigen Vorstellungen, erkennbar, daß weder die Zeit noch die Art der Zugbeanspruchung einen wesentlichen Einfluß auf die Meßwerthöhe der elastischen Arbeit ausüben. Das Materialverhalten läßt sich derart kennzeichnen, daß die elastische Arbeit mit abnehmender Elastizität etwas stärker zeitabhängig wird, ausgehend von der Einflußlosigkeit bei Vollelastizität.

Der in der Abhandlung angesprochene Gesamtkomplex sollte durch Modellvorstellungen untermauert werden. Die sich aufwerfende Frage physikalisch einwandfreier Prüfbedingungen zur Bestimmung der zugelastischen Arbeit von Textilien kann in der Perspektive mit einem früheren Vorschlag [1] dahingehend beantwortet werden, als Maßzahl der Beanspruchungsgeschwindigkeit 0,03 kpm $cm^{-3}s^{-1}$ einzusetzen. Apparativ sind die Voraussetzungen gegeben.

9 Zusammenfassung

Einleitend wird darauf hingewiesen, daß die Materialprüfungstechnik in zunehmendem Maße den Meßwert des Arbeitsvermögens als ein markantes Kriterium für die Qualitätsbeurteilung eines Werkstoffes benutzt unter dem Aspekt, daß die Arbeit als potentielle Energie aufzufassen ist, wobei die gesamte Arbeit der Energieaufspeicherung entspricht, während die elastische Arbeit als Rückformungsgröße die Energiereserve darstellt.

Die elastische Arbeit wird zunächst einer Zeitanalyse unterworfen. Als Funktion der Entlastungszeit werden quantitativ untersucht 1. die elastische Arbeit als Ausgangsbasis, 2. die gesamte elastische Längenänderung, 3. die verzögert elastische Längenänderung (elastische Nachwirkung), 4. die spontane elastische Längenänderung, 5. die Erholung. Diagramme der elastischen Arbeit bei unterschiedlichen Entlastungszeiten vervollständigen die Zeitanalyse.

Ein weiterer Abschnitt ist dem Normblatt DIN 53835, Prüfung des zugelastischen Verhaltens von Garnen und Zwirnen bei steigenden Kraftstufen im Zugversuch, gewidmet. Die Aufdeckung eines grundsätzlichen, in dieser Norm enthaltenen Fehlers erfährt eine auf Berechnung beruhende zahlenmäßige Untermauerung. Dieser Fehler drückt sich in einer Meßwertüberhöhung aus, die bis zu einem $2^1/_2$fachen Betrag anwachsen kann.

Die elastische Arbeit als Funktion der Verstreckung wird an einer Polyamidcordseide veranschaulicht. Dargestellt sind die sogenannte konstruktiv ermittelte und die mit Integrator gemessene elastische Arbeit sowie die Erholung. Dabei offenbart sich die Erholung als Kriterium eines Verstreckungsoptimums.

Ermüdungsversuche führen zu der Erkenntnis, daß die elastische Arbeit während der Ermüdung praktisch konstant bleibt.

Die Zugbeanspruchungsarten 1. konstante Belastungsgeschwindigkeit, 2. konstante Verformungsgeschwindigkeit, 3. konstante Formänderungsarbeit werden auf Grund umfangreicher Versuchsergebnisse einem strengen Vergleich mit der Feststellung unterzogen, daß die Art der Beanspruchung das Meßwertergebnis der elastischen Arbeit nur belanglos beeinflußt.

Dem Kennwert der elastischen Arbeit in der Reißzone ist eine kurze Betrachtung mit dem Resultat gewidmet, daß dieser Wert ausreichend genau ermittelt werden kann.

In einer Schlußbetrachtung wird angeregt, den in der Abhandlung angesprochenen Gesamtkomplex durch Modellvorstellungen zu untermauern und vorgeschlagen, Elastizitätsuntersuchungen die Prüfbedingung 0,03 kpm cm^{-3} s^{-1} als Maßzahl der Be- und Entanspruchungsgeschwindigkeit zugrunde zu legen.

Bemerkung

Die meßtechnischen Unterlagen wurden von Herrn Dipl.-Ing. *Pilz* mit hervorzuhebender Präzision erarbeitet. Der Verfasser ist Herrn *Pilz* und den übrigen Mitarbeitern zu besonderem Dank verpflichtet.

Literatur

[1] *Böhringer, H.*, Das Arbeitsvermögen als zentraler Informationswert für Textilien. Faserforsch. u. Textiltechn. **13** (1962) 1, S. 10–26.

[2] *Melzer, C.*, Prüfgeräte zur Ermittlung des Arbeitsvermögens von Werkstoffen. Faserforsch. u. Textiltechn. **13** (1962) 1, S. 27–33.

[3] DIN 53835, Februar 1963, Blatt 1, Prüfung des zugelastischen Verhaltens von Garnen und Zwirnen bei steigenden Kraftstufen im Zugversuch.

[4] DIN DVM 3801, Januar 1937, Blatt 2. Prüfung von Fasern, Gespinsten und Geweben, Mechanisch-technologische Verfahren.

[5] DIN 53835, Entwurf August 1954, Prüfung des zugelastischen Verhaltens von Garnen und Zwirnen.

[6] *Böhringer, H.*, Textile Gebrauchswertprüfung VI. Faserforsch. u. Textiltechn. **5** (1954) 6, S. 247.

[7] *Stuart, H. A.*, Die Physik der Hochpolymeren, Bd. IV. Berlin—Göttingen—Heidelberg: Springer-Verlag 1956, S. 490.

[8] *Rogovin, Z. A.*, Chemiefasern. Moskau: Staatsverlag für Leichtindustrie 1957; Leipzig: Fachbuchverlag 1960, S. 142.

[9] *Köb, H.*, Grundfragen zur Beurteilung der Zugelastizität von Chemiefasern. Textil-Praxis **17** (1962) 11, S. 1086–1092.

[10] *Friedemann, W.*, Dynamische Einzelfaserprüfmethoden. D. Textiltechnik **7** (1957) 1/2, S. 158–167.

[11] *Böhringer, H.*, Trag- und Ermüdungsversuche zur Ermittlung des Gebrauchswertes von Textilien. Magyar Textiltechnika **12** (1960) 8, S. 314–320; 9, S. 348–353. Mitt. Inst. Textiltechnologie Chemiefasern Rudolstadt **4** (1960) 2, S. 73–92.

[12] *Winkler, F.*, Zur Bestimmung des zugelastischen Verhaltens von Textilien. Faserforsch. u. Textiltechn. **13** (1962) 5, S. 211–223.

[13] *Böhringer, H.*, Ermüdungserscheinungen bei Textilien. Faserforsch. u. Textiltechn. **11** (1962) 2, S. 66–73.

Eingegangen am 14. November 1963

Perner und *Rudloff*: Entwicklung eines Nomogramms zur Bestimmung der optimalen Schlageinstellung an Webautomaten

Entwicklung eines Nomogramms zur Bestimmung der optimalen Schlageinstellung an Webautomaten

Harald Perner und Erich Rudloff
Institut für Textiltechnik der Technischen Universität Dresden

DK 677.054.4:518.3(083.57)

Für die Einstellung von Webautomaten wurde in einer vorangegangenen Veröffentlichung ein Nomogramm angegeben. Dieses Nomogramm gilt nur für den untersuchten Webautomatentyp.
Um die Entwicklung von Nomogrammen für beliebige Webautomatentypen und Betriebszustände ohne tiefergehende Kenntnisse der Nomographie durchführen zu können, wird der Aufbau des Nomogramms näher erläutert und es werden Anleitungen für die selbständige Erarbeitung eines derartigen Nomogramms gegeben.

Разработка номограммы для определения заправки боевого механизма автоматических ткацких станков

В предыдущем сообщении была приведена номограмма для заправки автоматических ткацких станков, кототая пригодна только для изученного типа станка. С целью разработки номограмм для любого типа автоматических ткацких станков при любом состоянии их работы и без глубоких знаний номографии постройка номограммы подробно об'яснена и приведены указания для самостоятельной разработки такого рода номограммы.

Development of a Nomogram for the Determination of Optimal Picking Adjustment of Automatic Weaving Machines

In a previous paper a nomogram for the adjustment of automatic weaving machines has been presented that holds only for the type of weaving machine investigated. In order to provide a basis for obtaining nomograms, applicable to any type of automatic weaving machine and all operation conditions, and avoiding far-reaching instructions in nomography, the construction of such a nomogram is explained in details and advices for its unassisted performance are given.

1 *Einleitung*

Die objektive Einstellung moderner Maschinen erfordert oft Berechnungen mit einem Schwierigkeitsgrad oder mit einem Zeitaufwand, der dem Bedienungspersonal der Industriebetriebe nicht zugemutet werden kann. Sofern nur zwei oder drei Veränderliche auftreten, ist es möglich, mit Tabellen zu arbeiten. Ist jedoch eine größere Anzahl variabler Größen vorhanden, so lassen sich die Einstellparameter am günstigsten mit Hilfe eines Nomogramms ermitteln. Der Rechenaufwand ist dann nur einmal erforderlich, und nach einiger Übung gelingt es allen für die Einstellung der Maschinen zuständigen Personen, selbst wenn keine mathematischen Kenntnisse vorliegen, die zur graphischen Lösung erforderlichen Handgriffe und Ablesungen auszuführen.

Von großer Bedeutung bei neuzeitlichen Webautomaten ist die Einstellung des Schlaggetriebes. Eine Überdimensionierung des Schlagimpulses hatte früher keine nennenswerten negativen Auswirkungen. Bei den hohen Umlauffrequenzen, mit denen jetzt gearbeitet wird, sind jedoch große Einflüsse von Fehleinstellungen auf den Verschleiß der Maschinenteile sowie auf die Nutzungsdauer der Webschützen und Picker vorhanden. Ferner ist in vielen Fällen der gleichmäßige Ausfall einer Gewebepartie u. a. von der zeitlich und kraftmäßig übereinstimmenden Schlagwirkung der Webautomaten abhängig.

Die daraus resultierenden Forderungen lassen sich mit Hilfe markierter Schützenbahnkurven erfüllen. Ein programmgesteuerter Meßschützen ermöglicht die rasche Aufzeichnung sofort auswertbarer Schützenbahnkurven [1]. Zur Auswertung dieser Bahnkurven konnte eine Methode zur Ermittlung der jeweils optimalen Schützenbahnkurve angegeben werden [2]. Der dafür erforderliche Rechenaufwand ist aber derart groß, daß er für die Praxis nicht zumutbar ist. Die graphische Lösung ist jedoch in wenigen Minuten ausgeführt und hat sich bereits unter den Bedingungen des Produktionsbetriebes bewährt [3]. Dieses Nomogramm, Bild 1, ist aber nicht allgemein anwendbar, sondern es gilt nur für den betrachteten Webautomat und für die zugrunde gelegten Werte [3].

Deshalb soll nachstehend eine Anleitung zur Entwicklung dieses Nomogramms für den beliebigen Fall gegeben werden.

Die Bedeutung der Formelzeichen wird beibehalten [2]. Die Anwendung des Nomogramms wurde bereits beschrieben [3].

2 *Wahl der nomographischen Mittel*

Um den Zusammenhang mit den bereits abgeleiteten Gleichungen herzustellen [2], sei ein kurzer Überblick über die verwendeten graphischen Methoden gegeben.

Gemäß Gleichung 5a [2] entspricht jedem y-Wert ein Kurbelwinkel für den Rückgang und ein Kurbelwinkel für den Vorgang der Lade. Den y-Teilungen wurden deshalb die linear geteilten Kurbelgrade zugrunde gelegt. Die 3-Leitertafel α_1, d, α_2, Bild 2, führt die Rechnung

$$d = \alpha_2 - \alpha_1 \qquad \text{aus}^{1)}.$$

Aus der hergeleiteten Gleichung [2]:

$$\nu_0 = \frac{1}{d \cdot q} \sqrt{(b \cdot s)^2 - 4 \cdot b^2 \cdot x_1 \cdot x_2 + bs\,(d \cdot q)^2 + \frac{1}{4}\,(d \cdot q)^4}\,,$$

worin
$$d = \alpha_2 - \alpha_1,$$
$$q = \frac{b}{\omega} \quad \text{und} \quad s = x_1 + x_2 \quad \text{ist,}$$

erkennt man, daß ν_0 nur von d abhängig ist, sofern Werte für x_1 und x_2 (z. B. die Randfadenabszissen x_I und x_{II}) und eine bestimmte Umlauffrequenz (ω = konst.) verwendet werden. Dieser Zusammenhang zwischen ν_0 und d ist im Nomogramm durch den entsprechenden Funktionsverlauf (Kurvenzug) berücksichtigt worden. Da für die Sollwertermittlung andere Abszissen vorliegen

[1]) Die Indizes 1 und 2 bedeuten die Zusammenfassung des für die Sollwertermittlung benötigten Koordinatenpaares *a* und *b* und der für die Istwertermittlung verwendeten Koordinaten *I* und *II*; siehe [2], Bild 4.

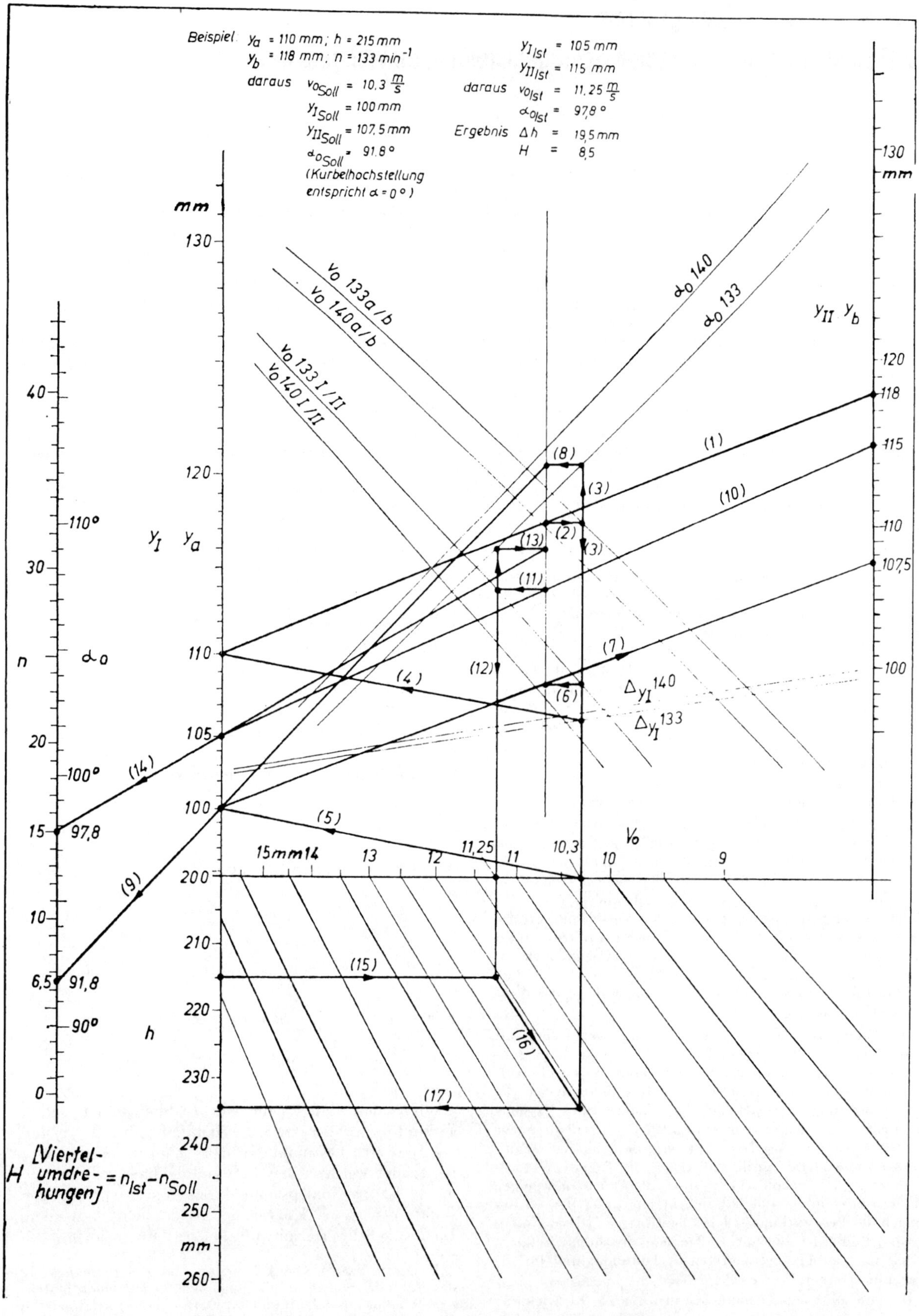

Bild 1. Webmaschinen-Einstellnomogramm für Webautomat ES IV

als für die Istwerte und weil außerdem für die auszuführenden Untersuchungen zwei verschiedene Umlauffrequenzen des Webautomaten in Betracht kamen, sind im Nomogramm, Bild 1, vier derartige Kurvenzüge eingezeichnet worden. Die angegebenen Zahlen (133 und 140) haben Bezug auf die Umlauffrequenzen, die Angaben a/b und I/II kennzeichnen die Abszissen für die Soll- und Istwertermittlung.

Dem unteren Teil des Nomogramms, $h = f(v_0)$, Bild 1, liegen folgende Überlegungen zugrunde:

Die Anfangsgeschwindigkeit v_0 ist, bei sonst gleichen Stellungen der anderen Teile des Schlaggetriebes zueinander, der wirksamen Schlägerlänge h angenähert reziprok-proportional. Der Proportionalitätsfaktor ist variabel, da er von der jeweiligen Stellung der übrigen Teile des Schlaggetriebes abhängt. Bei linearer Teilung von v_0 wäre deshalb eine Hyperbelschar nötig. Um dies zu vermeiden, wurde die v_0-Leiter mit einer Reziprokteilung versehen, so daß zwischen h und v_0 eine Geradenschar entsteht.

Der Sollwert für y_I wird mit Hilfe der Beziehung

$$\alpha_a - \alpha_I = \frac{\omega}{v_0}(x_a - x_I)$$

ermittelt, wobei v_0 der kurzen Strecke wegen (vgl. [2] Bild 4) als konstant vorausgesetzt wird. $x_a - x_I$ ist eine von den Schützenabmessungen abhängige Konstante, so daß die mit $\Delta\alpha_I$ bezeichnete Winkeldifferenz $\alpha_a - \alpha_I$ der Schützengeschwindigkeit ebenfalls indirekt proportional ist und durch eine Gerade je Umlauffrequenz (Δy_I 133, Δy_I 140) zum Ausdruck kommt. Die Differenzbildung $\alpha_I = \alpha_a - \Delta\alpha_I$ wird durch die Parallelverschiebung (4) || (5) erreicht.

Die Ermittlung des Ablaufwinkels α_0 wurde gemäß Gleichung 5f [2] aus der Beziehung

$$\alpha_0 = \alpha_I - \alpha_{x_I} \quad \text{abgeleitet,}$$

wobei $$\alpha_{x_I} = \frac{\omega}{b}\left(v_0 - \sqrt{v_0^2 - 2 \cdot b \cdot x_I}\right) \quad \text{ist.}$$

Die 1. Gleichung wird durch die 3-Leitertafel α_0, α_I, α_{x_I} (Bild 2) verwirklicht, während die 2. Gleichung in Form eines Kurvenzuges je Umlauffrequenz (α_0 133, α_0 140) berücksichtigt wird.

Die Anzahl der Viertelhübe der Stellschraube ist der Winkeldifferenz proportional, so daß lediglich ein anderer Maßstab (vgl. 3. Abschnitt) erforderlich ist.

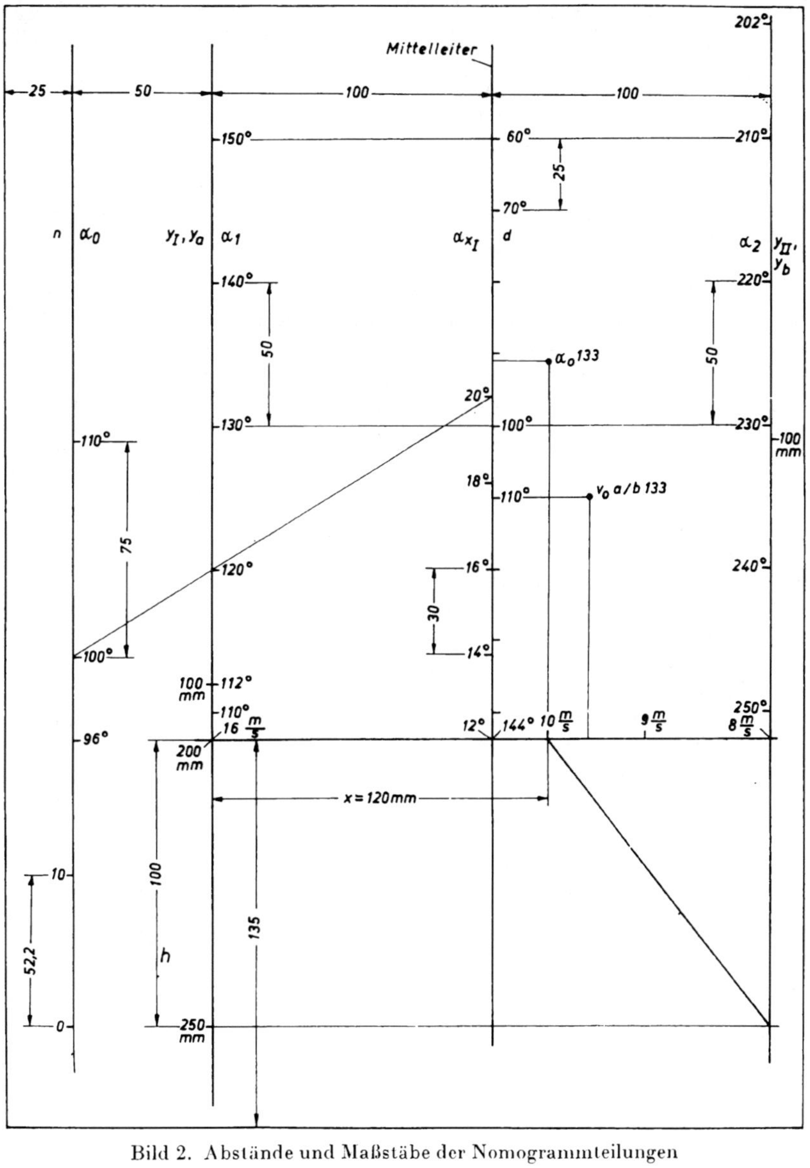

Bild 2. Abstände und Maßstäbe der Nomogrammteilungen

3 Ermittlung der Nomogrammbestandteile

3.1 Leiterabstände

Bild 2 zeigt die für das Format DIN A 3 erforderlichen Leiterabstände in mm. Wird ein anderes Format gewünscht, so sind sämtliche Abstände und Teilungseinheiten (Maßstäbe) mit der gleichen Verhältniszahl f zu multiplizieren,

z. B. für DIN A 4 $\quad f = \sqrt{0{,}5}$,

oder für DIN A 2 $\quad f = \sqrt{2}$.

3.2 Teilung der v_0-Leiter

Bezeichnet man den Anfangswert (rechts) mit v_1, den Endwert mit v_2, die Leiterlänge mit l und den Abstand zwischen v_2 und einem beliebigen Zwischenwert v_x mit x, so gilt:

$$x = l\left[\frac{v_1 \cdot v_2}{(v_2 - v_1)\,v_x} - 1\right].$$

Im Original zu Bild 2 sind:

$$l = 200 \text{ mm},\quad v_1 = 8 \text{ m/s},\quad v_2 = 16 \text{ m/s},\quad v_x = 10 \text{ m/s},$$

$$x = 200 \text{ mm} \left[\frac{8 \frac{\text{m}}{\text{s}} \cdot 16 \frac{\text{m}}{\text{s}}}{(16-8) \frac{\text{m}}{\text{s}} \cdot 10 \frac{\text{m}}{\text{s}}} - 1 \right] = 120 \text{ mm}.$$

v_1 und v_2 können je nach Bedarf gewählt werden. Sie sollen aber nicht wesentlich größer bzw. kleiner sein als die tatsächlich auftretenden Grenzwerte des jeweiligen Webmaschinentyps. Anhaltswerte dafür lassen sich mit Hilfe der angegebenen Methoden berechnen [2, 3].

3.3 Teilung der h-Leiter, Geradenschar zwischen h und v_0

Die Größe h ist der wirksame Hebelarm, mit dem die Schlagkappe am Schläger angreift. Die Grenzen werden den vorhandenen Einstellmöglichkeiten entsprechend gewählt. Die Teilung von h ist linear. Jede Gerade der Schar entspricht einem bestimmten Proportionalitätsfaktor zwischen h und v_0. Es genügt mithin, einen beliebigen Punkt zu wählen, das Produkt $h \cdot v_0$ zu berechnen und durch eine zweite gewählte Geschwindigkeit zu dividieren, um einen 2. Punkt dieser Geraden zu erhalten, z. B. in Bild 2:

$$h_1 = 200 \text{ mm}, \qquad v_{0_1} = 10 \frac{\text{m}}{\text{s}},$$

$$K = h_1 \cdot v_{0_1} = 2000 \text{ mm} \cdot \frac{\text{m}}{\text{s}}, \qquad v_{0_2} = 8 \frac{\text{m}}{\text{s}},$$

Tabelle 1. Wertepaare für v_0 und h

Konstante K $\left[\text{mm} \cdot \frac{m}{s}\right]$	Schützengeschwindigkeit v_0 $\left[\frac{m}{s}\right]$	Hebelarm [mm]
1800	9,0	200
	8,0	225
1900	9,5	200
	8,0	238
2000	10,0	200
	8,0	250
2100	10,5	200
	8,0	262
2200	11,0	200
	8,5	259
2300	11,5	200
	9,5	242
2400	12,0	200
	10,0	240
2500	12,5	200
	10,0	250
2600	13,0	200
	10,0	260
2700	13,5	200
	11,0	245
2900	14,5	200
	12,0	241
3100	15,5	200
	13,0	239
3300	16,0	206
	14,0	235
3500	16,0	218
	14,0	250

$$h_2 = \frac{2000 \text{ mm} \cdot \frac{\text{m}}{\text{s}}}{8 \frac{\text{m}}{\text{s}}} = 250 \text{ mm}.$$

Auf diese Weise erhält man die erforderlichen Wertepaare. In Tabelle 1 sind die für das Nomogramm, Bild 1, verwendeten Werte enthalten.

3.4 Teilung der y-Leitern

Den y-Leitern liegt je eine linear geteilte, in Bild 2 eingetragene Grad-Teilung zugrunde. Der Bezugspunkt ist der hintere Totpunkt der Lade. Er entspricht dem Kurbelwinkel $\alpha = 180°$. Es empfiehlt sich, diese für die Anwendung des Nomogramms nicht benötigten α-Teilungen zunächst jeweils auf den Innenseiten der Leitern abzutragen, Bild 2. Der Maßstab muß für beide Leitern gleich sein. Für das Format DIN A 3 beträgt er 5 mm/Grad. Die linke Leiter beginnt von der v_0-Leiter ab nach oben mit $\alpha = 108°$ und endet mit $\alpha = 150°$; die rechte Leiter verläuft rückwärts, und zwar von $\alpha = 252°$ bis $\alpha = 202°$. In den meisten Fällen werden diese Bereiche genügen. Ist dies nicht der Fall, so führt evtl. die Verschiebung einer oder beider Leitern um eine entsprechende Anzahl von Einheiten zum Ziel. Anderenfalls muß der Maßstab beidseitig auf 4 mm/Grad verringert werden.

Für die Einzeichnung der y-Teilungen wird nun der Zusammenhang zwischen dem Kurbelwinkel und der Kurvenordinate benötigt, der auf Grund der Berechnungsgrundlage ermittelt wird [2]. Vielfach ist es jedoch einfacher, eine experimentelle Ermittlung der Funktion $y = f(\alpha)$ durchzuführen. Dafür wird an dem zu untersuchenden Webautomaten eine 360°-Teilung des Kurbelkreises angebracht. Es genügt ein Abstand von $\Delta\alpha = 5°$. Der hintere Totpunkt muß $\alpha = 180°$ entsprechen. Die Umrechnung auf „Blattanschlag entspricht $\alpha = 0°$" wurde bereits dargelegt [2]. Aus einigen mit Hilfe des Meßschützens markierten Schützenbahn-

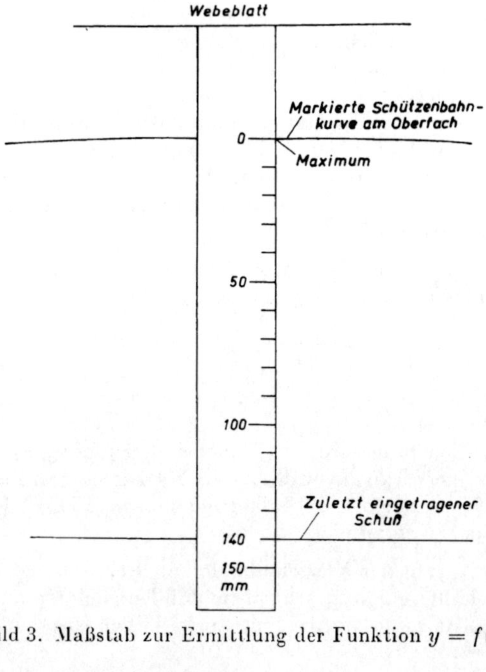

Bild 3. Maßstab zur Ermittlung der Funktion $y = f(\alpha)$

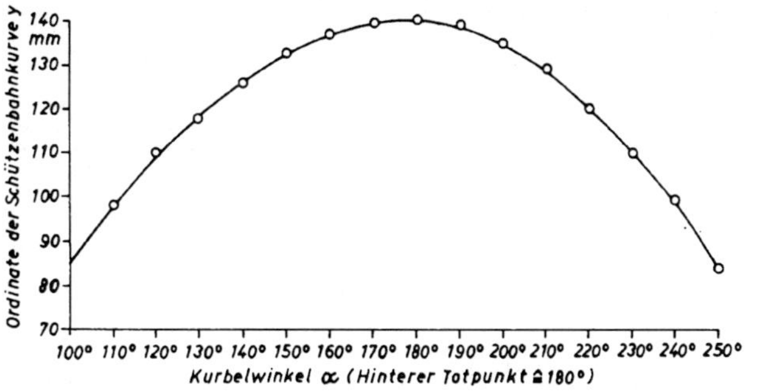

Bild 4. Gemessene Ordinaten der Schützenbahnkurven

kurven (Mittelwert) stellt man den Abstand des Kurvenmaximums vom Webeblatt fest und fertigt sich aus Millimeterpapier gemäß Bild 3 einen Maßstab. Befindet sich die Lade in der hinteren Totpunktlage, so muß sich die Nullmarke des am Webeblatt anliegenden Maßstabes mit dem Maximum der markierten Schützenbahnkurve decken. Nun werden, von $\alpha = 100°$ beginnend im Abstand von 5°, die zugehörenden y-Werte gemessen. Der auf dem Oberfach liegende Maßstab wird dabei stets wieder an das Webeblatt herangeschoben, und am zuletzt eingetragenen Schuß wird der jeweilige y-Wert abgelesen. Diese Werte werden mit den zugehörenden Kurbelwinkeln auf Millimeterpapier übertragen und zu einem Kurvenzug verbunden, Bild 4. Es ist ratsam, dieses Diagramm recht sorgfältig und nicht zu klein auszuführen. Um so leichter und genauer lassen sich dann die y-Teilungen in das Nomogramm einzeichnen. Unter den gewünschten y-Werten liest man im Diagramm, Bild 4, die zugehörenden Gradzahlen ab und bringt im Nomogrammentwurf an dieser Stelle zunächst eine Markierung nach außen an. Als Beispiele sind in Bild 2 für die linke Leiter $y_I = 100$ mm $\alpha_1 = 112°$ und für die rechte Leiter $y_{II} = 110$ mm $\alpha_2 = 231°$ eingezeichnet. Erst nach der restlosen Fertigstellung und Kontrolle des Nomogramms werden die y-Teilungen (wie in Bild 1) endgültig eingezeichnet und die als Hilfsteilungen verwendeten Gradteilungen entfernt.

3.5 Ordinaten der v_0-Kurven

Zunächst bedarf die Mittelleiter einer Hilfsteilung d, die in Bild 2 nach rechts angetragen wurde. Sie beginnt, sofern die α-Bereiche nicht geändert wurden, mit $d = 144°$ und besitzt den Maßstab 2,5 mm/Grad. (Kontrolle: Jeder Weiser (Verbindungsgerade von α_2 nach α_1) muß die Differenz der zugehörenden Winkel ergeben, im Bild 2 z. B. eingezeichnet: $\alpha_1 = 150°$, $\alpha_2 = 210°$, $d = 60°$).

Wurden die α-Teilungen lediglich verschoben, so ändert sich nur der Anfangswert gemäß der Beziehung $d = \alpha_2 - \alpha_1$, der Maßstab bleibt bestehen. War jedoch eine Maßstabänderung erforderlich, so ändert sich auch der Maßstab der d-Teilung. Er beträgt die Hälfte des Maßstabes der Außenleitern, bei 4 mm/Grad für die α-Teilungen demnach 2 mm/Grad für die d-Teilung.

Nun werden einige d-Werte gewählt, für die v_0 gemäß der hergeleiteten Beziehung [2] berechnet wird (vgl. Abschnitt 2). Die den Wertepaaren entsprechenden Punkte werden in das Nomogramm eingetragen und zu Kurvenzügen verbunden.

Für das im Bild 1 dargestellte Nomogramm wurden zugrunde gelegt:

$$
\begin{aligned}
x_I &= 0{,}26 \text{ m},\\
\text{Blattbreite} &= 1{,}47 \text{ m},\\
x_{II} &= 1{,}73 \text{ m},\\
l_1 &= 0{,}24 \text{ m},\\
x_a &= 0{,}38 \text{ m},\\
x_b &= 1{,}61 \text{ m},\\
b &= 6{,}2 \ \frac{\text{m}}{\text{s}^2} \text{ (nach [4] bestimmt)},\\
s &= 1{,}99 \text{ m},\\
b \cdot s &= 12{,}34 \ \frac{\text{m}^2}{\text{s}^2}.
\end{aligned}
$$

Aus Tabelle 2 ist die Berechnung der v_0-Werte für vier etwa gleiche Abstände bildende d-Werte ersichtlich.

Im Bild 2 ist das Wertepaar $d = 110°$, $v_0 = 9{,}59 \ \frac{\text{m}}{\text{s}}$ als Beispiel eingezeichnet.

3.6 Ordinaten der $\Delta\gamma_I$-Kurven

Da es sich um Geraden handelt, genügen zwei Ordinaten, die nach der bereits im Abschnitt 2 erläuterten Beziehung:

$$\Delta\alpha_I = \frac{\omega}{v_0}\,(x_a - x_I)$$

berechnet werden können. Im vorliegenden Fall ergaben sich mit:

$x_a = 0{,}38$ m

$x_I = 0{,}26$ m

und 5 mm/Grad

für v_0	$\Delta\alpha_I$	
	$n = 133\ \text{min}^{-1}$	$n = 140\ \text{min}^{-1}$
$16\ \frac{\text{m}}{\text{s}}$	6° ≙ 30 mm	6,3° ≙ 31,5 mm
$8\ \frac{\text{m}}{\text{s}}$	12° ≙ 60 mm	12,6° ≙ 63 mm

3.7 Ordinaten der α_0-Kurven, α_0-Teilung

Zunächst berechnet man für die v_0-Grenzwerte $\left(8\ \frac{\text{m}}{\text{s}} \text{ und } 16\ \frac{\text{m}}{\text{s}}\right)$ sowie für einige Zwischenwerte (im Beispiel $10\ \frac{\text{m}}{\text{s}}$ und $12\ \frac{\text{m}}{\text{s}}$) die α_{x_I}-Werte nach der Beziehung:

$$\alpha_{x_I} = \frac{\omega}{b}\left(v_0 - \sqrt{v_0^2 - 2 \cdot b \cdot x_I}\right).$$

Tabelle 3 enthält die für das Nomogramm, Bild 1, erforderlichen Werte. Nun wird die Teilung für α_{x_I} als linke Hilfsteilung der Mittelleiter eingetragen. Ihr Maßstab beträgt 15 mm/Grad, sofern der α_1-Maßstab bei 5 mm/Grad belassen wurde. Der Anfangswert auf der v_0-Achse richtet sich nach dem niedrigsten α_{x_I}-Wert in Tabelle 3, und zwar ist die nächstniedrige ganze Gradzahl zu verwenden. Im Beispiel ist der niedrigste α_{x_I}-Wert 13°. Die Leiter wurde deshalb mit 12° begonnen. Man über-

Tabelle 2. Berechnung der Funktion $v_0 = f(d)$

v_0 aus x_a und x_b errechnet; $n = 133\ \text{min}^{-1}$; $b \cdot s = 12{,}34\ \frac{m^2}{s^2}$; $q = 0{,}4460\ \frac{m}{s}$; $(b \cdot s)^2 - 4 \cdot b^2 \cdot x_a \cdot x_b = 58{,}215$

d in Grad	d im Bogenmaß	$d \cdot q$	$(d \cdot q)^2$	$(d \cdot q)^4$	$\frac{1}{4}(d \cdot q)^4$	$b \cdot s\,(d \cdot q)^2$	R	$\sqrt{R}$	v_0 in $\frac{m}{s}$
70	1,2217	0,545	0,297	0,088	0,022	3,665	61,90	7,87	14,40
90	1,5708	0,701	0,491	0,241	0,062	6,059	64,34	8,02	11,40
110	1,9199	0,856	0,733	0,537	0,134	9,045	67,39	8,21	9,59
130	2,2689	1,012	1,024	1,049	0,262	12,636	71,11	8,43	8,33

v_0 aus x_I und x_{II} errechnet; $n = 133\ \text{min}^{-1}$; $b \cdot s = 12{,}34\ \frac{m^2}{s^2}$; $q = 0{,}4460\ \frac{m}{s}$; $(b \cdot s)^2 - 4 \cdot b^2 \cdot x_I \cdot x_{II} = 83{,}114$

d in Grad	d im Bogenmaß	$d \cdot q$	$(d \cdot q)^2$	$(d \cdot q)^4$	$\frac{1}{4}(d \cdot q)^4$	$b \cdot s\,(d \cdot q)^2$	R	$\sqrt{R}$	v_0 in $\frac{m}{s}$
70	1,2217	0,545	0,297	0,088	0,022	3,665	86,80	9,32	17,10
90	1,5708	0,701	0,491	0,241	0,062	6,059	89,24	9,45	13,50
110	1,9199	0,856	0,733	0,537	0,134	9,045	92,29	9,61	11,20
130	2,2689	1,012	1,024	1,049	0,262	12,636	96,01	9,80	9,68

v_0 aus x_a und x_b errechnet; $n = 140\ \text{min}^{-1}$; $b \cdot s = 12{,}34\ \frac{m^2}{s^2}$; $q = 0{,}4231\ \frac{m}{s}$; $(b \cdot s)^2 - 4 \cdot b^2 \cdot x_a \cdot x_b = 58{,}215$

d in Grad	d im Bogenmaß	$d \cdot q$	$(d \cdot q)^2$	$(d \cdot q)^4$	$\frac{1}{4}(d \cdot q)^4$	$b \cdot s\,(d \cdot q)^2$	R	$\sqrt{R}$	v_0 in $\frac{m}{s}$
70	1,2217	0,517	0,267	0,071	0,018	3,294	61,53	7,84	15,20
90	1,5708	0,665	0,442	0,195	0,049	5,454	63,72	7,98	12,00
110	1,9199	0,812	0,659	0,434	0,108	8,132	66,45	8,15	10,00
130	2,2689	0,960	0,922	0,850	0,212	11,377	69,80	8,35	8,70

v_0 aus x_I und x_{II} errechnet; $n = 140\ \text{min}^{-1}$; $b \cdot s = 12{,}34\ \frac{m^2}{s^2}$; $q = 0{,}4231\ \frac{m}{s}$; $(b \cdot s)^2 - 4 \cdot b^2 \cdot x_I \cdot x_{II} = 83{,}114$

d in Grad	d im Bogenmaß	$d \cdot q$	$(d \cdot q)^2$	$(d \cdot q)^4$	$\frac{1}{4}(d \cdot q)^4$	$b \cdot s\,(d \cdot q)^2$	R	$\sqrt{R}$	v_0 in $\frac{m}{s}$
70	1,2217	0,517	0,267	0,071	0,018	3,294	86,43	9,30	18,0
90	1,5708	0,665	0,442	0,195	0,049	5,454	88,62	9,41	14.1
110	1,9199	0,812	0,659	0,434	0,108	8,132	91,35	9,56	11,8
130	2,2689	0,960	0,922	0,850	0,212	11,377	94,70	9,73	10,1

Tabelle 3. Berechnung der Funktion $\alpha_{x_I} = \frac{\omega}{b}\left(v_0 - \sqrt{v_0^2 - 2 \cdot b \cdot \bar{x}_I}\right)$

$$2 \cdot b \cdot x_I = 12{,}4\ \frac{m}{s^2} \cdot 0{,}26\ m = 3{,}22\ \frac{m^2}{s^2}$$

v_0 $\left[\frac{m}{s}\right]$	v_0^2	R	$\sqrt{R}$	$v_0 - \sqrt{R}$	α_{x_I} in Grad $n = 133\ \text{min}^{-1}$; $\frac{\omega}{b} = 128{,}7\ \frac{\text{Grad}}{\frac{m}{s}}$	α_{x_I} in Grad $n = 140\ \text{min}^{-1}$; $\frac{\omega}{b} = 135{,}5\ \frac{\text{Grad}}{\frac{m}{s}}$
8	64	60,78	7,796	0,204	26,3	27,6
10	100	96,78	9,838	0,162	20,8	21,9
12	144	140,78	11,865	0,135	17,4	18,3
16	256	252,78	15,899	0,101	13,0	13,7

trägt nun die Wertepaare in das Nomogramm und verbindet die erhaltenen Punkte zu Kurvenzügen, im Nomogramm mit α_0 133 und α_0 140 bezeichnet. In Bild 2 ist als Beispiel der Punkt $10\ \frac{\text{m}}{\text{s}}$, 20,8° eingetragen.

Die α_0-Teilung besitzt den Maßstab 7,5 mm/Grad. Ihre Lage wird durch die Beziehung

$$\alpha_0 = \alpha_1 - \alpha_{x_I}{}^{2)}$$

bestimmt. Im ausgeführten Nomogramm muß die α_0-Leiter z. B. in Höhe der v_0-Leiter den Wert $\alpha_0 = 108° - 12° = 96°$ aufweisen, Bild 2. Je nach den vorliegenden Anfangswerten für α_1 und α_{x_I} wird sich die α_0-Leiter um einige Einheiten verlagern können. Es ist ratsam, einen zweiten Kontrollweiser zu ziehen, z. B. $\alpha_1 = 120°$, $\alpha_{x_I} = 20°$ muß $\alpha_0 = 100°$ ergeben, Bild 2.

Bei veränderten α-Maßstäben (z. B. 4 mm/Grad) müssen die α_{x_I}-Teilung mit 12 mm/Grad und die α_0-Teilung mit 6 mm/Grad versehen werden.

3.8 Teilung der n-Leiter (für den Webautomat ES IV)

Hierfür werden die Steigung h_S der Stellschraube (im Beispiel $h_S = 1{,}85$ mm/Gang) und der Abstand r von der Mittellinie der Schlagwelle bis zum Angriffspunkt der Stellschraube an der Schlagkurvenscheibe (im Beispiel $r = 76$ mm) benötigt. Der Zusammenhang zwischen der Anzahl der Viertelumdrehungen (Hübe) $H = \Delta n$ und der Änderung des Ablaufwinkels $\Delta\alpha_0$, ist durch folgende Gleichung bestimmt:

$$H = \frac{\Delta\alpha_0}{2} \cdot \frac{2 \cdot r \cdot \pi}{360°} \cdot \frac{4}{h_S}.$$

Der Divisor 2 des 1. Quotienten ergibt sich aus der 2:1-Untersetzung der Schlagwelle, während der Faktor 4 des 3. Quotienten die Anzahl der vollständigen Schraubendrehungen auf die Anzahl der Viertelumdrehungen vergrößert.

Das Verhältnis ist demzufolge:

$$\frac{\Delta\alpha_0}{H} = \frac{h_S \cdot 90°}{r \cdot \pi}.$$

Im vorliegenden Beispiel ist

$$\frac{\Delta\alpha_0}{H} = \frac{1{,}85\ \text{mm} \cdot 90°}{76\ \text{mm} \cdot \pi} = 0{,}696\ \frac{\text{Grad}}{\text{Hub}}.$$

Den Maßstab der n-Leiter erhält man, indem man den Maßstab der α_0-Leiter mit diesem Faktor multipliziert. Im Beispiel:

$$7{,}5\ \frac{\text{mm}}{\text{Grad}} \cdot 0{,}696\ \frac{\text{Grad}}{\text{Hub}} = 5{,}22\ \frac{\text{mm}}{\text{Hub}}.$$

Der Nullpunkt dieser Teilung kann beliebig gewählt werden, da nur Differenzwerte zur Anwendung kommen.

[2]) Der Index 1 bezieht sich auf die in Bild 2 mit α_1 bezeichnete Nomogrammleiter. Diese gilt im Zusammenhang mit α_2 und d für α_I und für α_a. In dieser Gleichung ist α_1 mit α_I identisch.

3.9 Kontrolle und Fertigstellung

Nach Abschluß dieser Arbeiten rechnet man ein vollständiges Beispiel analytisch und graphisch durch. Abweichungen der Ergebnisse bis zu 2% sind dabei als normal anzusehen. Erst nachdem diese Kontrolle positiv ausgefallen ist, wird das Nomogramm endgültig fertiggestellt, z. B. mit Tusche ausgezogen. Dann werden die Hilfsteilungen sowie die Kontrollweiser entfernt. Die Anwendung des Nomogramms wird erleichtert, wenn ein geeignetes übersichtliches Beispiel eingezeichnet und gekennzeichnet wird, vgl. Bild 1.

4 Zusammenfassung

Das in einer vorangegangenen Arbeit [3] veröffentlichte Nomogramm, Bild 1, ist nur für den untersuchten Webautomat bei bestimmten Maschinen-, Schützen- und Gewebeabmessungen gültig. Um eine allgemeine Anwendung des von uns entwickelten Webmaschinen-Einstellverfahrens zu ermöglichen, wurden in vorstehender Arbeit, ohne auf die tieferen nomographischen Zusammenhänge einzugehen, Umrechnungsmöglichkeiten für die einzelnen Nomogrammteile angegeben. Sämtliche Maße beziehen sich dabei auf das Format DIN A 3. Für andere Nomogrammgrößen müssen die ermittelten Werte proportional umgerechnet werden.

Für die praktische Anwendung ist es erforderlich, daß für jeden Webmaschinentyp, der in einem Betrieb vorhanden ist, ein gesondertes Nomogramm angefertigt wird. In neuzeitlichen Webereien wird die Anzahl der verschiedenen Webmaschinentypen jedoch sehr gering sein. Es ist dabei ohne weiteres möglich, mehrere Varianten eines Typs in einem Nomogramm zusammenzufassen, z. B. verschiedene Umlauffrequenzen bei sonst gleichen Daten, Bild 1. In ähnlicher Weise ist es gegebenenfalls erreichbar, unterschiedliche Webbreiten bei sonst gleichen Verhältnissen in einem Nomogramm unterzubringen.

Der zur Anfertigung der Nomogramme nötige Aufwand wird sich in den meisten Fällen lohnen, da eine gefühlsmäßige Korrektur der Schlageinstellung nach markierten Schützenbahnkurven sehr viel Zeit erfordert. Vor allem ist das Probieren der richtigen Schlagzeit sehr zeitraubend.

Die von uns beschriebenen, unter Betriebsbedingungen durchgeführten Versuche mit diesem Nomogramm [3] zeigten, daß in kurzer Zeit ein einheitlicher Schützenlauf bei optimalen Schützenbahnkurven für Webautomaten, auf denen das gleiche Gewebe gefertigt wird, erreicht werden konnte, was einer höchstmöglichen Schonung der Maschinenteile, Schützen und Picker entspricht.

Literatur

[1] *Perner, H.*, und *Rudloff, E.*, Meßschützen mit Programmsteuerung. Faserforsch. u. Textiltechn. **14** (1963) 5, S. 198 bis 201.

[2] *Perner, H.*, und *Rudloff, E.*, Optimale Schützenbahnkurven zur Einstellung von Webmaschinen. Faserforsch. u. Textiltechn. **14** (1963) 6, S. 227–232.

[3] *Perner, H.*, und *Rudloff, E.*, Nomogramm zur Bestimmung der optimalen Schlageinstellung an Webmaschinen auf der Grundlage markierter Schützenbahnkurven. Faserforsch. u. Textiltechn. **14** (1963) 8, S. 325–332.

[4] *Dubach, P.*, Geschwindigkeit und Beschleunigung des Webschützens. Textil-Praxis 15 (1960), S. 399–403.

Eingegangen am 20. September 1963

Theoretische Grundlagen zur Feinheitsbestimmung an Faserstoffen mit dem Vibroskop

Walter Kittelmann und Dieter Putzger

Institut für Textiltechnik der TU Dresden und Deutsche Akademie der Wissenschaften zu Berlin, Institut für Technologie der Fasern in Dresden

DK 531.717.11:620.178.3:677.4/.5

Ausgehend von den Lösungen der partiellen Differentialgleichungen für Transversalschwingungen von Saiten und Stäben für verschiedene Randbedingungen werden theoretische Betrachtungen zur Feinheitsbestimmung von Faserstoffen nach der Schwingungsmethode mit dem Vibroskop durchgeführt.

Теоретические основы определения тонины волокон при применении виброскопа

Частичные дифференциальные уравнения для поперечных колебаний струн и стержней решены при различных граничных условиях. На основе полученных данных проведено теоретическое рассмотрение вопроса определения тонины волокон при помощи измерения колебаний виброскопом.

Theoretical Basis of the Determination of Fineness of Fibrous Materials with the Vibrascope

Based on solutions of partial differential equations of transversal vibrations of strings and rods for different boundary conditions, the determination of fineness of fibres by the vibration method using a vibrascope is considered theoretically.

1 Einleitung

Für die Bestimmung der Feinheit an einzelnen Elementarfäden und Fasern sind bisher mikroskopische und seit etwa 20 Jahren vibroskopische Verfahren in Anwendung [1]. Der teilweise sehr große Zeitaufwand bei den mikroskopischen Verfahren führte besonders in der Chemiefaserindustrie zur Weiterentwicklung und Vervollkommnung der Vibroskope, bei denen aus der Grundfrequenz eines zu Transversalschwingungen erregten Elementarfadens mit den aus der Physik bekannten Gleichungen die Feinheit bestimmt werden kann.

Über die verschiedenen Möglichkeiten zur Feinheitsbestimmung auf vibroskopischem Wege berichten *Lünenschloss* und *Hummel* [2]. *Butler* beschreibt das „Manra Vibrascope" der Newmark Ltd., das nach der Frequenzänderungsmethode arbeitet [3]. Dieses selbstresonierende Vibroskop zeigt die Resonanzfrequenz auf einem Präzisions-Mikroampèremeter an, das in Frequenzeinheiten geeicht ist. Die beim Prüfen von Elementarfäden nach der Vibroskop-Methode zu berücksichtigenden Einflußgrößen sind beispielsweise in den Arbeiten von *Mackay* und *Downes* [4] sowie von *Patt* [5] behandelt worden.

Erstmalig wird über die Theorie zur Feinheitsbestimmung mit dem Vibroskop von *Gonsalves* berichtet [6]. Die physikalischen Grundlagen hierzu, insbesondere der Einfluß der Biegesteifigkeit auf die Resonanzfrequenz, wurden von *Seebeck* behandelt [7].

Wie im folgenden noch näher gezeigt wird, stimmt die von *Seebeck* angegebene Gleichung für die Grundfrequenz eines gespannten „Stabes" im Grenzfall für verschwindende „Saitenspannung" nicht mit der Grundfrequenz eines Biegestabes überein. Da diese Gleichung aber zur Korrektur des Einflusses der Biegesteifigkeit bei der Berechnung der Resonanzfrequenz von gespannten Elementarfäden und Fasern angewendet wird, muß auf die mathematischen Grundlagen der Transversalschwingungen von Saiten und Stäben näher eingegangen werden.

2 Die Transversalschwingungen von Saiten und Stäben

2.1 Die Gleichungen von Seebeck [7]

Nach *Budó* [8] versteht man unter einer Saite „einen fadenförmigen elastischen Körper, dessen Querschnitt so klein ist, daß er praktisch nur gegen Dehnung, nicht aber gegen Biegung einen Widerstand leistet". Ein Stab wird von ihm gegenüber der Saite definitionsmäßig so abgegrenzt, daß beim Stab die Biegesteifigkeit nicht vernachlässigt werden kann, so daß er ohne wirkende Vorspannkraft Schwingungen auszuführen imstande ist.

Spannt man einen Faden unter einer Vorspannkraft in zwei Klemmen ein und erregt ihn zu Transversalschwingungen, so kann eine elastische Verformung auftreten, die z. B. bei den textilen Faserstoffen bei der Berechnung ihrer Resonanzfrequenz nicht immer vernachlässigt werden kann.

Für diesen Schwingungsfall stellte *Seebeck* bereits im Jahre 1847 folgende partielle Differentialgleichung auf:

$$\frac{\partial^2 y}{\partial t^2} = \frac{P \cdot g}{p} \frac{\partial^2 y}{\partial x^2} - \frac{a \cdot g}{p} \frac{\partial^4 y}{\partial x^4}$$

($P =$ Spannung $a \dfrac{\partial^2 y}{\partial x^2} =$ elastisches Moment des Stabes,

p Masse einer Längeneinheit des Stabes).

In moderner Schreibweise lautet diese Gleichung

$$\varrho f \cdot \frac{\partial^2 y}{\partial t^2} - P \cdot \frac{\partial^2 y}{\partial x^2} + EJ \cdot \frac{\partial^4 y}{\partial x^4} = 0.$$

($\varrho =$ Dichte,
$f =$ Querschnittsfläche,
$\varrho f =$ Maß für die Feinheit von Faserstoffen,
$P =$ Spannkraft,
$EJ =$ Biegesteifigkeit.)

Führt man folgende Abkürzungen ein

$$\varrho f = A, \qquad P = B, \qquad EJ = C,$$

so erhält man die Gleichung

$$A \frac{\partial^2 y}{\partial t^2} - B \frac{\partial^2 y}{\partial x^2} + C \frac{\partial^4 y}{\partial x^4} = 0. \tag{1}$$

Für $B = 0$ erhält man die Differentialgleichung des Stabes

$$A \frac{\partial^2 y}{\partial t^2} + C \frac{\partial^4 y}{\partial x^4} = 0 \tag{1a}$$

und mit $C = 0$ die Differentialgleichung der Saite.

$$A \frac{\partial^2 y}{\partial t^2} - B \frac{\partial^2 y}{\partial x^2} = 0. \tag{1b}$$

In Bild 1 wurden die aus den Differentialgleichungen (1a) und (1b) berechneten Grundfrequenzen von Saite und Biegestab z. B. nach *Timoshenko* [9] für verschie-

Differentialgleichungen für Saite mit $A = \varrho \cdot f$, $B = P$, $C = EJ$	$A \cdot \frac{\partial^2 y}{\partial t^2} = B \cdot \frac{\partial^2 y}{\partial x^2}$	Stab $A \cdot \frac{\partial^2 y}{\partial t^2} = -C \cdot \frac{\partial^4 y}{\partial x^4}$
Lagerungsfall	Lösung	Lösung
1. beidseitig gelagert 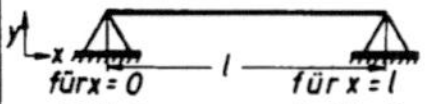 für $x = 0$: $U(0) = 0$, $U'(0) \neq 0$, $U''(0) = 0$; für $x = l$: $U(l) = 0$, $U'(l) \neq 0$, $U''(l) = 0$	$\nu_0 = \frac{1}{2l} \sqrt{\frac{P}{\varrho \cdot f}}$	$\nu = \frac{\pi}{2} \cdot \frac{1}{l^2} \cdot \sqrt{\frac{E \cdot J}{\varrho \cdot f}}$
2. eingespannt und gelagert 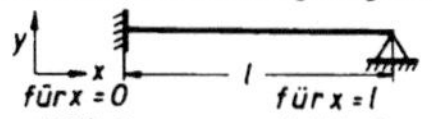 für $x = 0$: $U(0) = 0$, $U'(0) = 0$; für $x = l$: $U(l) = 0$, $U'(l) \neq 0$, $U''(l) = 0$		$\nu = \frac{25}{32} \cdot \frac{\pi}{l^2} \cdot \sqrt{\frac{E \cdot J}{\varrho \cdot f}}$
3. beidseitig eingespannt 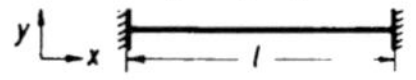 für $x = 0$: $U(0) = 0$, $U'(0) = 0$; für $x = l$: $U(l) = 0$, $U'(l) = 0$		$\nu = \frac{1}{2\pi} \cdot \frac{4{,}73^2}{l^2} \sqrt{\frac{E \cdot J}{\varrho \cdot f}}$

Bild 1. Die Grundfrequenz von Saite und Stab für verschiedene Lagerungsfälle

dene Lagerungsfälle mit den entsprechenden Randbedingungen zusammengestellt.

Gleichung (1) nach *Seebeck* stellt somit eine kombinierte Differentialgleichung für einen Biegestab unter Berücksichtigung einer wirksamen Vorspannkraft dar, in der y die Amplitudenauslenkung, x die Koordinate in Längsrichtung und t der Zeitparameter sind.

Die Differentialgleichung (1) ist der Ausgangspunkt der weiteren Überlegungen.

Über den Lösungsansatz

$$y(x, t) = u(x) \cdot \varphi(t), \qquad \varphi(t) = e^{i\omega t}$$

erhält man

$$-A\omega^2 u(x) - B u^{\mathrm{II}}(x) + C u^{\mathrm{IV}}(x) = 0$$

und mit

$$u(x) = e^{\alpha x} \qquad \alpha^4 C - \alpha^2 B = A\omega^2.$$

Daraus folgt für

$$\alpha_{1,2}^2 = \frac{B \pm \sqrt{4AC\omega^2 + B^2}}{2C}.$$

Die Einzellösungen für $\alpha_{1,2}^2$ sind:

$$\alpha_1^2 = \frac{B + \sqrt{4AC\omega^2 + B^2}}{2C} = \lambda^2, \tag{2}$$

$$\alpha_2^2 = \frac{+B - \sqrt{4AC\omega^2 + B^2}}{2C}$$

$$= (-1)\,\frac{-B + \sqrt{4AC\omega^2 + B^2}}{2C} = i^2\beta^2. \tag{3}$$

Mit den λ- und β-Werten erhält man die allgemeine Lösung von Gleichung (1) zu

$$u(x) = K_1 \mathfrak{Sin}\,\lambda x + K_2 \mathfrak{Cos}\,\lambda x + K_3 \sin\beta x + K_4 \cos\beta x \tag{4}$$

mit den Ableitungen

$$u'(x) = \lambda K_1 \mathfrak{Cos}\,\lambda x + \lambda K_2 \mathfrak{Sin}\,\lambda x + \beta K_3 \cos\beta x + \beta K_4 \sin\beta x, \tag{4a}$$

$$u''(x) = \lambda^2 K_1 \mathfrak{Sin}\,\lambda x + \lambda^2 K_2 \mathfrak{Cos}\,\lambda x - \beta^2 K_3 \sin\beta x - \beta^2 K_4 \cos\beta x. \tag{4b}$$

Werden in die allgemeine Lösung der kombinierten Differentialgleichung die Randbedingungen für die 3 Lagerungsfälle nach Bild 1 eingesetzt, so erhält man die ihnen entsprechenden Eigenfrequenzen, wobei nur die Grundfrequenzen betrachtet werden. Setzt man in den Gleichungen für die Eigenfrequenzen der kombinierten Differentialgleichung $B = 0$, so ist zu erwarten, daß für diesen Fall die Eigenfrequenzen des Biegestabes der betrachteten Lagerungsfälle erhalten werden (vgl. Gleichung (1a) und Bild (1)). Dagegen darf nur bei einer beidseitigen Auflagerung $C = 0$ gesetzt werden. Hierbei muß sich aus der Eigenfrequenz der kombinierten Differentialgleichung die Grundfrequenz einer schwingenden Saite ergeben (vgl. Gleichung (1b) und Bild 1). Die Randbedingungen für „beidseitig eingespannt" und „eingespannt und gelagert" dagegen können von Gleichung (1b) nicht erfüllt werden, da sie diese überfordern.

Für den Lagerungsfall „beidseitig eingespannt" erhält *Seebeck* über eine Reihenentwicklung mit Vernachlässigung der zweiten und höheren Potenzen von $\sqrt{\frac{E \cdot J}{P \cdot l^2}}$ folgende Näherungslösung:

$$\nu = \nu_0 \left(1 + 2\sqrt{\frac{EJ}{Pl^2}}\right). \tag{5}$$

ν = Grundfrequenz des Stabes, $\nu_0 = \frac{1}{2l}\sqrt{\frac{P}{\varrho \cdot f}}$ = Grundfrequenz der Saite, l = Einspannlänge.

Mit Gleichung (5) wurde bisher in der Textilprüfung die Biegesteifigkeit bei der Feinheitsbestimmung von Elementarfäden und Fasern berücksichtigt. Es muß jedoch festgestellt werden, daß diese Gleichung den Überlegungen des vorangegangenen Abschnitts nicht gerecht wird und für $P = 0$ mit keiner der Lösungen von Gleichung (1a) für den Stab übereinstimmt, wie ein Vergleich mit Bild 1 zeigt.

2.2 *Eigenfrequenzen von Differentialgleichung* (1)

Zur Berechnung der Grundfrequenzen aus den vorgegebenen Randbedingungen nach Bild 1 ist es ratsam, die Gleichungen (2) und (3) durch Einführung von neuen Variablen y und x umzuformen.

Setzt man $y = \lambda \cdot l$ und $x = \beta \cdot l$, so folgt aus Gleichung (2) und (3)

$$y^2 - x^2 = \frac{Bl^2}{C} = \gamma^2.$$

Aus Gleichung (2) ergibt sich damit

$$y^2 = \lambda^2 \cdot l^2 = \frac{B \cdot l^2}{2C} + l^2 \sqrt{\frac{4AC\omega^2 + B^2}{4C^2}}.$$

Löst man diese Gleichung nach ω^2 auf, dann gilt

$$\omega^2 = \frac{C}{A l^4}\,(y^4 - \gamma^2 y^2)$$

und für die Grundfrequenz ν erhält man

$$\nu = \frac{1}{2\pi l^2} \cdot y\sqrt{y^2 - \gamma^2}\sqrt{\frac{C}{A}}. \tag{6}$$

Die y-Werte für Gleichung (6) sind nun unter Berücksichtigung der Randbedingungen aus den Lösungen der Gleichung (1) auszurechnen.

2.2.1 Berechnung der Eigenwerte für den Lagerungsfall 1: beidseitig gelagert

Aus den Gleichungen (4) und (4b) folgt für $x = 0$

$$K_2 + K_4 = 0 \quad \text{und} \quad \lambda^2 K_2 - \beta^2 K_4 = 0.$$

Nach Umformung gilt

$$-K_4(\lambda^2 + \beta^2) = 0.$$

Da aber $\lambda^2 + \beta^2$ nicht Null sein kann, muß $-K_4$ gleich Null und damit auch K_2 Null sein.
An der Stelle $x = l$ erhält man

$$K_1 \operatorname{Sin} \lambda l + K_3 \sin \beta l = 0,$$

$$\lambda^2 K_1 \operatorname{Sin} \lambda l - \beta^2 K_3 \sin \beta l = 0.$$

Beide Gleichungen sind nur miteinander verträglich, wenn folgende Determinante Null ist:

$$\begin{vmatrix} \operatorname{Sin} \lambda l & \sin \beta l \\ \lambda^2 \operatorname{Sin} \lambda l & -\beta^4 \sin \beta l \end{vmatrix} = 0.$$

Ihre Lösung ist

$$-\operatorname{Sin} \lambda l \sin \beta l\, (\lambda^2 + \beta^2) = 0.$$

Da $\lambda^2 + \beta^2 \neq 0$ und $\operatorname{Sin} \lambda l \neq 0$ sind, kann in der Gleichung nur $\sin \beta l = 0$ sein.

Dies ist der Fall, wenn für die Grundfrequenz $\beta l = \pi$ ist.

Mit $\beta l = x$, $\lambda l = y$, $y^2 - x^2 = \gamma^2$ folgt für $\beta l = \pi$,

$$\sqrt{y^2 - \gamma^2} = \pi, \qquad y = \sqrt{\gamma^2 + \pi^2}. \tag{7}$$

2.2.2 Berechnung der Eigenwerte für den Lagerungsfall 2: eingespannt und gelagert

Die Gleichungen (4) und (4a) liefern für $x = 0$

$$K_2 + K_4 = 0 \quad \text{und} \quad \lambda K_1 + \beta K_3 = 0.$$

Für $x = l$ werden somit die Gleichungen (4) und (4b)

$$-\frac{\beta}{\lambda} K_3 \operatorname{Sin} \lambda l - K_4 \operatorname{Cof} \lambda l + K_3 \sin \beta l + K_4 \cos \beta l = 0 \quad \text{und}$$

$$-\lambda \beta K_3 \operatorname{Sin} \lambda l - \lambda^2 K_4 \operatorname{Cof} \lambda l - \beta^2 K_3 \sin \beta l - \beta^2 K_4 \cos \beta l = 0.$$

Nach Division durch β^2 und Gleichsetzung folgt

$$K_3 \sin \beta l = -K_4 \cos \beta l,$$

$$-\frac{\beta}{\lambda} K_3 \operatorname{Sin} \lambda l - K_4 \operatorname{Cof} \lambda l = 0.$$

Beide Gleichungen sind wiederum nur dann verträglich, wenn die Determinante Null ist:

$$\begin{vmatrix} -\frac{\beta}{\lambda} \operatorname{Sin} \lambda l & -\operatorname{Cof} \lambda l \\ \sin \beta l & \cos \beta l \end{vmatrix} = 0.$$

Die Lösung der Determinante liefert als Ergebnis

$$\tan \beta l = \frac{\beta}{\lambda} \operatorname{Tan} \lambda l.$$

Unter Berücksichtigung, daß $\beta \cdot l = x$, $\lambda \cdot l = y$ und $y^2 - x^2 = \gamma^2$ sind, erhält man für den 2. Lagerungsfall die transzendente Gleichung

$$y = \frac{\sqrt{y^2 - \gamma^2} \cdot \operatorname{Tan} y}{\tan \sqrt{y^2 - \gamma^2}}. \tag{8}$$

2.2.3 Berechnung der Eigenwerte für den Lagerungsfall 3: beidseitig eingespannt

Die Gleichungen (4) und (4a) liefern für $x = 0$

$$K_2 + K_4 = 0 \quad \text{und} \quad \lambda K_1 + \beta K_3 = 0$$

sowie an der Stelle $x = l$

$$K_1 \operatorname{Sin} \lambda l + K_2 \operatorname{Cof} \lambda l + K_3 \sin \beta l + K_4 \cos \beta l = 0 \quad \text{und}$$

$$\lambda K_1 \operatorname{Cof} \lambda l + \lambda K_2 \operatorname{Sin} \lambda l + \beta K_3 \cos \beta l - \beta K_4 \sin \beta l = 0.$$

Schließlich erhält man

$$K_3 \left(-\frac{\beta}{\lambda} \operatorname{Sin} \lambda l + \sin \beta l\right) + K_4 (-\operatorname{Cof} \lambda l + \cos \beta l) = 0,$$

$$K_3 (-\beta \operatorname{Cof} \lambda l + \beta \cos \beta l) + K_4 (-\lambda \operatorname{Sin} \lambda l - \beta \sin \beta l) = 0,$$

und aus der Lösung der Determinante

$$\begin{vmatrix} \left(-\frac{\beta}{\lambda} \operatorname{Sin} \lambda l + \sin \beta l\right) & (-\operatorname{Cof} \lambda l + \cos \beta l) \\ (-\beta \operatorname{Cof} \lambda l + \beta \cos \beta l) & (-\lambda \operatorname{Sin} \lambda l - \beta \sin \beta l) \end{vmatrix} = 0$$

ergibt sich

$$\tan \beta l = \left(\frac{1}{\cos \beta l} - \operatorname{Cof} \lambda l\right) \frac{1}{\operatorname{Sin} \lambda l} \frac{2 \lambda \beta}{(\beta^2 - \lambda^2)}.$$

Mit $y = \lambda l$, $x = \beta l$ und $y^2 - x^2 = \gamma^2$ folgt

$$\tan x = \left(\frac{1}{\cos x} - \operatorname{Cof} y\right) \frac{1}{\operatorname{Sin} y} \cdot \frac{2xy}{-\gamma^2},$$

$$\tan \sqrt{y^2 - \gamma^2} = \left(\operatorname{Cof} y - \frac{1}{\cos \sqrt{y^2 - \gamma^2}}\right) \times \frac{2y \sqrt{y^2 - \gamma^2}}{\gamma^2 \operatorname{Sin} y},$$

$$y = \frac{\gamma^2 \cdot \sin \sqrt{y^2 - \gamma^2} \operatorname{Sin} y}{2\sqrt{y^2 - \gamma^2} \operatorname{Cof} y \cdot \left(\cos \sqrt{y^2 - \gamma^2} - 1\right)} \tag{9}$$

als transzendente Gleichung für den 3. Lagerungsfall.

Mit Gleichung (6) und den y-Werten der Gleichungen (7), (8) oder (9) sind die Grundfrequenzen ν für bestimmte γ^2-Bereiche zu berechnen.

2.3 Die Lösungen der transzendenten Gleichungen für den Bereich $0 \leq \gamma^2 \leq 25$

In Bild 2 sind für den Bereich $0 \leq \gamma^2 \leq 25$ die y-Werte für die drei Grundfrequenzen entsprechend den Lagerungsfällen nach Bild 1 in Abhängigkeit von γ^2 graphisch dargestellt. Setzt man die y-Werte aus Bild 2 in Gleichung (6) ein und formt diese um zu

$$\nu 2 \pi l^2 \sqrt{\frac{A}{C}} = y \sqrt{y^2 - \gamma^2},$$

so erhält man für die drei Lagerungsfälle einen Überblick für die Abhängigkeit zwischen ν und γ^2, wie aus Bild 3 hervorgeht. Betrachtet man z. B. unter Berücksichtigung von Gleichung

$$\gamma^2 = \frac{B l^2}{C}$$

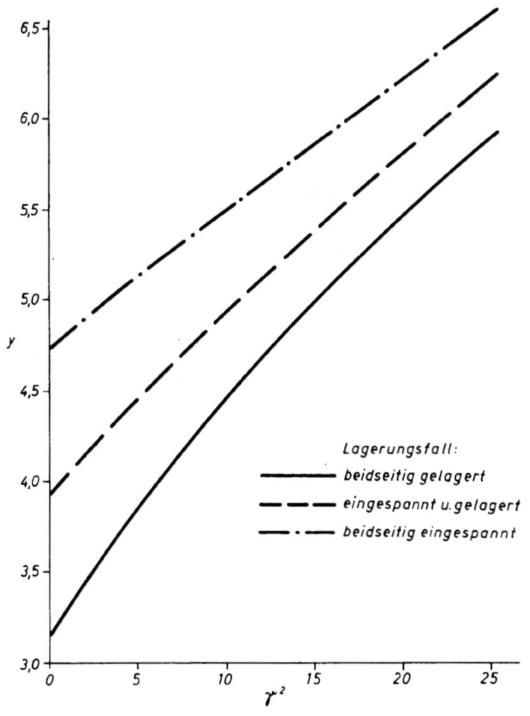

Bild 2. $y = f(\gamma^2)$ für verschiedene Lagerungsfälle im Bereich $0 \leqq \gamma^2 \leqq 25$

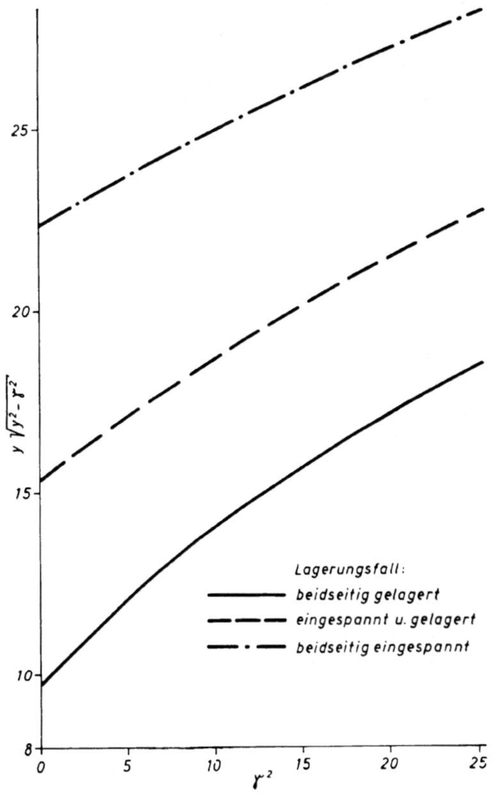

Bild 3. $y\sqrt{y^2 - \gamma^2} = f(\gamma^2)$ für verschiedene Lagerungsfälle im Bereich $0 \leqq \gamma^2 \leqq 25$

B als Variable und C, l und A als Konstanten, so erhält man die Grundfrequenz ν für ein bestimmtes γ^2, wenn man den Zahlenwert der Ordinaten in Bild 3 mit dem Faktor $\frac{1}{2\pi l} \cdot \sqrt{\frac{C}{A}}$ multipliziert. Zu beachten ist dabei nur, daß zwischen B, C und l der Zusammenhang gewahrt bleibt.

Den Bildern 2 und 3 ist zu entnehmen, daß für $\gamma^2 = 0$ die Ordinatenwerte gleich den Grundfrequenzen des Stabes für die drei Lagerungsfälle nach Bild 1 sind, was auch aus den Gleichungen (7) ,(8) und (9) hervorgeht.

Im Falle des beidseitig gelagerten Biegestabes erhält man beim Einsetzen von Gleichung (7) in Gleichung (6) als Ergebnis Gleichung (12) (vgl. Abschnitt 2.4.) und daraus für $EJ = 0$ die Grundfrequenz der Saite. Damit dürfte die Richtigkeit dieser Gleichungen bewiesen sein.

2.4 *Die Lösungen der transzendenten Gleichungen für den Bereich* $1000 \leqq \gamma^2 \leqq 25\,000$

Wie die nachfolgende Abschätzung zeigt, liegen die γ^2-Werte für Faserstoffe in einem Bereich von 1000 bis 25 000.

Nimmt man an, daß die Fasern und Elementarfäden kreisrunden Querschnitt haben und rechnet man mit

$$P \approx 200 \text{ mp} = 2 \cdot 10^{-4} \text{ kp},$$

$$E \approx 1 \cdot 10^3 \text{ bis } 7 \cdot 10^3 \frac{\text{kp}}{\text{mm}^2} = 1 \cdot 10^9 \text{ bis } 7 \cdot 10^9 \frac{\text{kp}}{\text{m}^2},$$

$$l \approx 2 \text{ cm} = 2 \cdot 10^{-2} \text{ m},$$

$$r \approx 5\,\mu m = 5 \cdot 10^{-6} \text{m (Radius des Querschnittes)}$$

so erhält man für

$$\gamma^2 = \frac{B l^2}{C} = \frac{P l^2}{EJ} = \frac{2 \cdot 10^{-4} \cdot 2^2 \cdot 10^{-4} \cdot 4}{7 \cdot 10^9 \pi\, 5^4 \cdot 10^{-24}},$$

$$\gamma^2 = 23{,}4 \cdot 10^3.$$

In dem Bereich $1000 \leq \gamma^2 \leq 25\,000$ lassen sich die transzendenten Gleichungen (8) und (9) wesentlich vereinfachen, da die y-Werte für alle Lagerungsfälle größer als 20 sind. Gleichung (8) läßt sich vereinfachen zu

$$y = \frac{\sqrt{y^2 - \gamma^2}}{\tan \sqrt{y^2 - \gamma^2}} \qquad (10)$$

und Gleichung (9) zu

$$y = \frac{\gamma^2 \cdot \tan \sqrt{y^2 - \gamma^2}}{2\sqrt{y^2 - \gamma^2}}. \qquad (11)$$

In Bild 4 sind die y-Werte für die γ^2-Grenzen 1000 und 25 000 für die drei Lagerungsfälle einander gegenübergestellt. Daraus ergibt sich, daß die y-Werte für die drei Lagerungsfälle für $1000 \leq \gamma^2 \leq 25\,000$ sehr gut übereinstimmen. Die Abweichung der y-Werte für die Lagerungsfälle „eingespannt und gelagert" sowie „beidseitig eingespannt" gegenüber dem Fall der beidseitigen Lagerung ist kleiner als 0,1%[1]). Die Ungenauigkeit der y-Werte beträgt weniger als 0,3%, d. h. setzt man die in Bild 4 angegebenen y-Werte in die rechten Seiten der vereinfachten transzendenten Gleichungen ein, so

[1]) Für Werte von $\gamma^2 > 25000$ wird die Übereinstimmung noch besser.

Lagerungsfall	1	2	3
Transzendente Gleichung für $1000 \leq \gamma^2 \leq 25000$	$\sin\sqrt{y^2-\gamma^2}=0$	$y=\frac{\sqrt{y^2-\gamma^2}}{\tan\sqrt{y^2-\gamma^2}}$	$y=\frac{\gamma^2\cdot\tan\sqrt{y^2-\gamma^2}}{2\cdot\sqrt{y^2-\gamma^2}}$
y für $\gamma^2=1000$	31,7769	31,7903	31,8000
y für $\gamma^2=25000$	158,1451	158,1455	158,1459

Bild 4. y-Werte für die γ^2-Grenzen 1000 und 25000 für verschiedene Lagerungsfälle

ist die Abweichung der auf der linken Seite erhaltenen y-Werte kleiner als 0,3%.

In dem Bereich $1000 \leq \gamma^2 \leq 25000$ kann somit für alle Lagerungsfälle mit hinreichender Genauigkeit mit den Gleichungen für den Lagerungsfall „beidseitig gelagert“ gerechnet werden. Dies hat den großen Vorteil, daß die Gleichung sehr einfach zu berechnen ist und eine Lösung in nichttranszendenter Form darstellt, wie in 2.2.1 gezeigt wurde. In Bild 5 sind $y = f(\gamma^2)$ und $y\sqrt{y^2-\gamma^2} = f(\gamma^2)$ für $1000 \leq \gamma^2 \leq 25000$ dargestellt.

Unter Berücksichtigung der getroffenen Vereinfachungen und Vereinbarungen erhält man aus Gleichung (7) für die Grundfrequenz als Endgleichung

$$\nu = \frac{1}{2l^2}\sqrt{\frac{Pl^2}{\varrho f} + \frac{EJ}{\varrho f}\pi^2}\,. \tag{12}$$

Bezeichnet man mit ν_0 die Grundfrequenz der Saite gemäß Bild 1, so wird

$$\nu = \nu_0\sqrt{1 + \frac{EJ}{Pl^2}\pi^2}\,. \tag{12a}$$

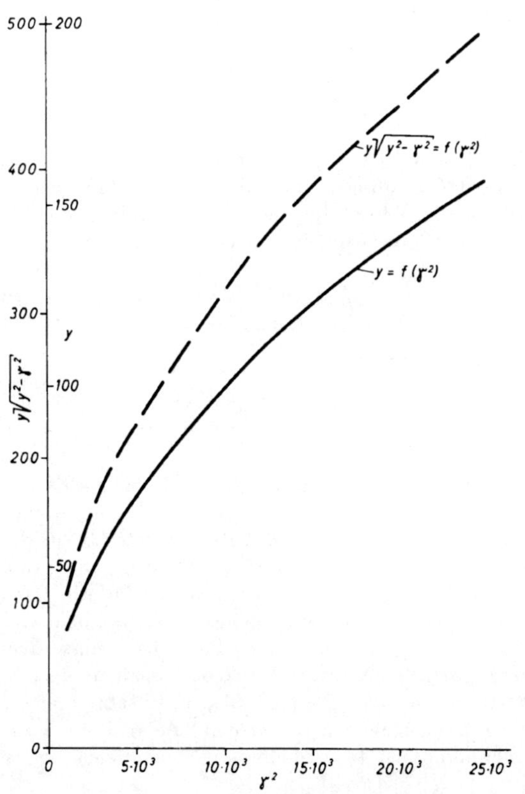

Bild 5. $y = f(\gamma^2)$ und $y\sqrt{y^2-\gamma^2} = f(\gamma^2)$ der untersuchten Lagerungsfälle im Bereich $1000 \leq \gamma^2 \leq 25000$

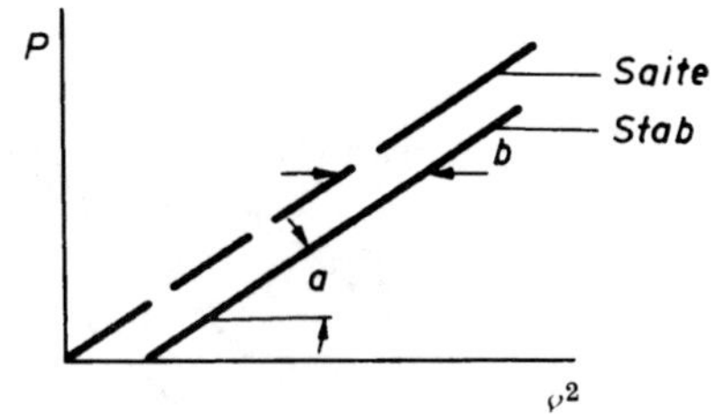

Bild 6. $P = f(\nu^2)$ für Saite und Stab

Für die Bestimmung der Feinheit von Elementarfäden oder Fasern ist Gleichung (12) nach $\varrho \cdot f$ aufzulösen, da die Feinheiten in Titer-Bezeichnungssystemen dem Produkt $\varrho \cdot f$ direkt proportional sind:

$$\varrho f = \frac{1}{\nu^2}\left(\frac{P}{4l^2} + \frac{EJ}{4l^4}\pi\right). \tag{13}$$

In Gleichung (13) ist jedoch im allgemeinen der Faktor EJ unbekannt.

3 *Biegesteifigkeitskompensation bei der Feinheitsbestimmung mit dem Vibroskop.*

Löst man Gleichung (12) nach P auf, so erhält man

$$P = 4l^2\cdot\varrho f\cdot\nu^2 - \frac{EJ}{l^2}\pi^2. \tag{14}$$

Dies ist eine Geradengleichung der Form $y = ax - b$, wenn

$$y = P,$$
$$x = \nu^2,$$
$$a = 4l^2\cdot\varrho f \quad \text{und}$$
$$b = \frac{EJ}{l^2}\pi^2 \quad \text{ist.}$$

In Bild 6 ist die Funktion $P = f(\nu^2)$ für die Saite (vgl. Bild 1) und den Stab nach Gleichung (14) prinzipmäßig dargestellt.

Während die Funktion $P = f(\nu^2)$ für die Saite durch den Nullpunkt geht, schneidet die Gerade für den Stab die ν^2-Achse. Beide Geraden besitzen den gleichen Richtungsfaktor a, der direkt proportional zu den Feinheiten in Titer-Bezeichnungssystemen ist. Der Abstand b zwischen den parallelen Geraden b ist ein direktes Maß für die Biegesteifigkeit EJ des untersuchten Faserstoffes. Aus Gleichung (14) folgt für $P = 0$

$$EJ = \frac{4l^2\varrho f\nu^2}{\pi^2}.$$

Da die Auftragung von P über ν^2 Geraden ergibt und die Steigung dieser Geraden ein Maß für die Feinheit ist, hat man andererseits die Möglichkeit, das Produkt $\varrho \cdot f$ durch Differenzmessungen zwischen zwei Punkten direkt zu bestimmen und den EJ-Einfluß zu eliminieren. Führt man zwei verschiedene Messungen mit P_1 und P_2, die ν_1 und ν_2 ergeben, durch, so läßt sich $\varrho \cdot f$ aus Gleichung (14) wie folgt berechnen:

$$\varrho f = \frac{P_1 - P_2}{4l^2(\nu_1^2 - \nu_2^2)}. \tag{15}$$

Auch die Louis Newmark, Ltd. [10] verwendet die Differenzmeßmethode, um den EJ-Einfluß bei der

Feinheitsbestimmung mit dem Vibroskop zu eliminieren. Die von ihr angegebene Gleichung (16)

$$\varrho f = \frac{1}{4 l^2} \left(\frac{\sqrt{P_1} - \sqrt{P_2}}{\nu_1 - \nu_2} \right)^2 \tag{16}$$

fußt auf der von *Seebeck* berechneten Gleichung (5).

Für Faserstoffe mit einem $EJ = 0$ ergeben die Gleichungen (15) und (16) gleiche Werte. Je stärker aber der Einfluß von EJ wird, desto mehr weichen auch die nach beiden Gleichungen erhaltenen Ergebnisse voneinander ab, wobei die Gleichung (16) stets die größeren Werte für $\varrho \cdot f$ liefert.

Mit Gleichung (14) läßt sich auch abschätzen, inwieweit die Biegesteifigkeit bei der Feinheitsbestimmung mit dem Vibroskop für die verschiedenen Faserstoffe berücksichtigt werden muß.

4 Zusammenfassung

Ein Nacharbeiten der von *Seebeck* aufgestellten Gleichung für die Grundfrequenz eines mit einer Vorspannkraft beidseitig eingespannten Stabes ergab, daß diese Gleichung für den Fall, daß die Vorspannkraft Null ist, nicht mit den aus der Mechanik bekannten Lösungen übereinstimmt. Ausgehend von der von *Seebeck* aufgestellten partiellen Differentialgleichung werden Lösungen für bestimmte Lagerungsfälle angegeben, die für die Vorspannkraft $P = 0$ mit den Grundfrequenzen des Stabes identisch sind. Es wird eine Gleichung für die Grundfrequenz angegeben, die oberhalb $\gamma^2 = 1000$ für alle betrachteten Lagerungsfälle Gültigkeit besitzt.

Unserem Institutsdirektor, Herrn Prof. Dr.-Ing. habil. *W. Bobeth*, danken wir recht herzlich für die Förderung der Arbeit und seine wertvollen Hinweise.

Ebenso sei Herrn Dr. rer. nat. *B. Pegel*, Institut für Theoretische Physik der TU Dresden, sowie Herrn Dipl.-Phys. *H. Hemschick*, Deutsche Akademie der Wissenschaften zu Berlin, Institut für Metallische Spezialwerkstoffe in Dresden, für Hinweise zur Lösung der transzendenten Gleichungen gedankt.

5 Literatur

[1] *Sommer, H.*, und *Winkler, F.*, Handbuch der Werkstoffprüfung. Bd. 5. Die Prüfung der Textilien. Berlin—Göttingen—Heidelberg: Springer 1960.

[2] *Lünenschloß, J.*, und *Hummel, E.*, Die Bestimmung der Faserfeinheit unter besonderer Berücksichtigung des Micronaires und der Vibroskop-Methoden. Textil-Praxis **14** (1959) S. 867—873.

[3] *Butler, K. J.*, Fortschritt in der Bauweise von Vibraskopen. Spinner u. Weber u. Textilveredlung **78** (1960) S. 164.

[4] *Mackay, B. H.*, und *Downes, J. G.*, An automatic Vibrascope. Textile Res. J. **28** (1958) S. 467—473.

[5] *Patt, D. H.*, Findings and Recommendations on the Use of the Vibroscope. Textile Res. J. **28** (1958) S. 691.

[6] *Gonsalves, V. E.*, Eine moderne Apparatur für die Bestimmung der Festigkeit und Dehnung der Einzelfasern. Melliand Textilber. **24** (1943) S. 218—222.

[7] *Seebeck, A.*, Berichte über die Verhandlungen der königlich sächsischen Gesellschaft der Wissenschaften zu Leipzig. Leipzig: Weidmann'sche Buchhandlung 1848.

[8] *Budó, A.*, Theoretische Mechanik. Berlin: Deutscher Verlag der Wissenschaften 1956.

[9] *Timoshenko, St. P.*, Schwingungsprobleme der Technik. Berlin—Göttingen—Heidelberg: Springer 1932.

[10] Bedienungsanleitung zum „Manra“ Vibrascope der Louis Newmark, Limited.

Eingegangen am 14. September 1963

Reaktionskinetische Untersuchungen bei der Entstehung von Celluloseregeneratfäden

20. Mitteilung über den Fadenbildungsmechanismus von Viskosekapillarfäden (2. Teil)[1]

Hartmut Jost und Anneliese Gröbe

Deutsche Akademie der Wissenschaften zu Berlin, Institut für Faserstoff-Forschung in Teltow-Seehof

DK 677.463.021.52:532.72:541.127.1

In Fortsetzung des ersten Teiles der Arbeit werden nach Schilderung der Versuchsobjekte und der Meßmethode die Meßergebnisse angegeben und diskutiert.

Кинетические исследования реакции образования гидратцеллюлозных нитей
Сообщ. 20-ое из серии работ по механизму нитеобразования гидратцеллюлозных волокон (часть 2-ая)

В этой части работы приводятся данные об об'ектах исследования, описание методики и полученные данные, которые обсуждаются.

Kinetic Investigations on the Reactions Proceeding during the Formation of Regenerated Cellulose Filaments.
20th Communication on the Mechanism of Formation of Elementary Filaments of Viscose (2nd Part)

Continuing the first part of this paper, the experimental samples and measuring methods are described and the results are reported and discussed.

2.3 Die Versuchsobjekte und die Meßmethode[2]

Die Diffusionsmessungen wurden a) an reinen Natriumcellulosexanthogenat-Modellfäden, b) an alkalischen Natriumcellulosexanthogenat-Modellfäden (weiße Viskose), c) an alkalischen Natriumcellulosexanthogenat-Modellfäden und Kapillarfäden mit Nebenprodukten (technische Viskose) und d) an mit Alkali getränkten Hydratcellulose-Modellfäden durchgeführt. Alle Versuchsobjekte enthielten 1% des Indikators Bromkresolpurpur bezogen auf das Gewicht der Viskose. Zur Herstellung der Versuchsobjekte diente Betriebsviskose in der Zusammensetzung: 8,06 bis 8,20% Cellulose, 6,20 bis 6,31% Alkali, 2,28 bis 2,36% Gesamtschwefel. Aus diesen Viskosen erhielten wir reine Natriumcellulosexanthogenat-Modellfäden durch Ausfließen der Viskose aus einer Kapillare in eine 2 n Ammonsulfat-Lösung, alkalische Natriumcellulosexanthogenat-Modellfäden durch Entfernen der Nebenprodukte Sulfid und Trithiocarbonat aus der Viskose mit Hilfe des Anionenaustauschers Wofatit SBW 400 und anschließendes Verspinnen dieser weißen

[1] Teil 1 der 20. Mitteilung s. Faserforsch. u. Textiltechn. **14** (1963) 12, S. 522—527.

[2] Nähere Einzelheiten siehe Dissertation von *H. Jost*, T. H. für Chemie Leuna-Merseburg 1963

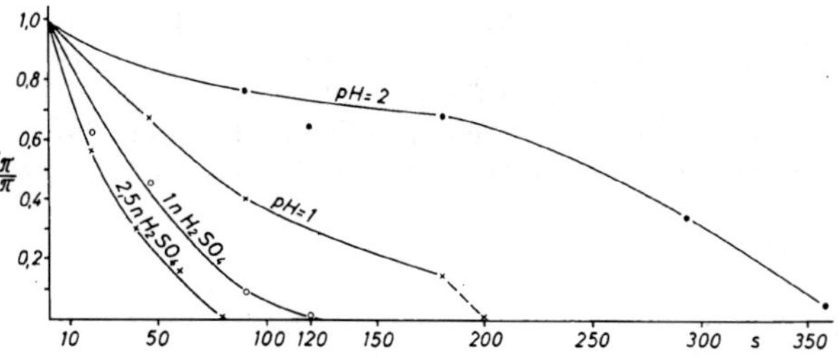

Bild 6. Die Neutralisationsreaktion des alkalischen Natriumcellulosexanthogenat-Modellfadens bei unterschiedlicher H^+-Aktivität der Zersetzungslösung. Temperatur 40 °C

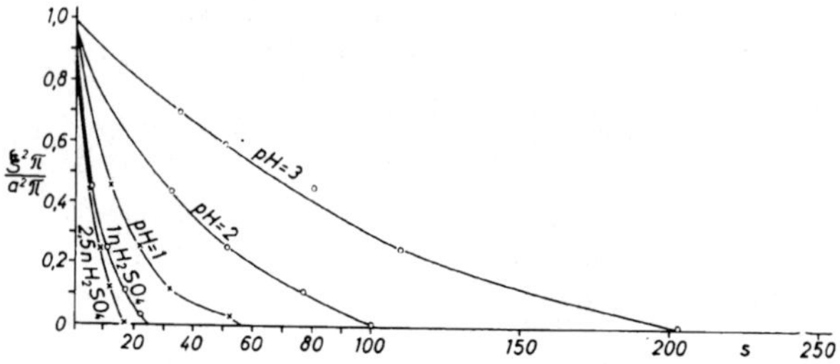

Bild 7. Die Neutralisationsreaktion des reinen Natriumcellulosexanthogenat-Modellfadens (pH = 8,8) bei unterschiedlicher H^+-Aktivität der Zersetzungslösung. Temperatur 40 °C

Viskose unter einem N_2-Druck von 0,6 atü durch eine Kapillare in ein Spinnbad. Für die Darstellung der alkalischen Natriumcellulosexanthogenat-Modellfäden mit Nebenprodukten verspannen wir direkt Betriebsviskose unter einem N_2-Druck von 0,6 atü aus einer Kapillare in ein Spinnbad. Mit Alkali getränkte Hydratcellulose-Modellfäden wurden aus vollständig regenerierten reinen Natriumcellulosexanthogenat-Modellfäden und anschließender Behandlung dieser Fäden mit 6,27%iger NaOH dargestellt.

Alle Messungen führten wir bei 40 °C aus. Für die Messungen wurden die Fäden nach bestimmten Reaktionszeiten aus dem Spinnbad in eine Petrischale gebracht, die Spinnbad von der gleichen Temperatur enthielt, und die Wanderung der Umschlagsgrenze des Indikators Bromkresolpurpur von blau nach gelb im Faden unter dem Mikroskop verfolgt. Diese Meßmethode hatte zwei wesentliche Nachteile:

1. Diffusionszeiten unter 25 s waren auf Grund der vielen Manipulationen nicht erfaßbar.
2. Die Grenzlinie ist in tieferen Faserbereichen nicht sichtbar und konnte deshalb nur bei kurzen Reaktionszeiten am Faserrand ausgemessen werden.

Wir mußten deshalb die Diffusionsreaktion für die Zeit der Beobachtung unterbrechen.

Nach bestimmten Reaktionszeiten legten wir die gesponnenen Fäden in eine auf — 70 °C gekühlte Methanol-Trockeneismischung ein. Die Fäden erstarrten sofort, und die Diffusionsreaktion wurde schlagartig unterbrochen. Hierbei veränderte sich durch das Abkühlen die Fadengeometrie nicht. Von den erstarrten Fäden fertigten wir mit der Rasierklinge unter weiterer Kühlung Querschnitte an, die unter dem Mikroskop betrachtet werden konnten. Die Breite der Umschlagzone des Indikators war dabei gut ausmeßbar. Als Reaktionszeit gilt die Aufenthaltsdauer des Fadens im Spinnbad bis zum Einbringen in die Methanol-Trockeneismischung. Die Methode gestattet also, die Eindringtiefe der Grenzlinie $a - \xi$ und die Reaktionszeit t zu bestimmen.

2.4 Die Meßwerte

Die Abnahme des alkalischen Fadenkerns in Abhängigkeit von der Zeit ermittelten wir für verschiedene Alkaligehalte der Viskose, für verschiedene pH-Werte und für unterschiedliche Zusammensetzungen der Spinnbäder nach der oben beschriebenen Methode.

In den Bildern 6 und 7 ist diese Abhängigkeit in Form des Quotienten: Querschnitt des alkalischen Fadenkerns/Querschnitt des Fadens, $\xi^2\pi/a^2\pi$, für alkalische und reine Natriumcellulosexanthogenat-Modellfäden bei unterschiedlicher H^+-Aktivität der Zersetzungslösungen über der Zeit aufgetragen.

Aus den Bildern 6 und 7 ergibt sich, wie erwartet, daß die H^+-Diffusion in Cellulosexanthogenat-Modellfäden stark vom pH-Wert abhängig ist und zwar derart, daß eine höhere H^+-Aktivität die Neutralisationsreaktion beschleunigt und eine geringe H^+-Aktivität die Neutralisationsreaktion verlangsamt. Weiterhin werden reine Natriumcellulosexanthogenat-Modellfäden bedeutend schneller als die entsprechenden alkalischen Modellfäden neutralisiert, wie aus dem Vergleich der Bilder 6 und 7 und der Tabelle 2 hervorgeht.

Nach Tabelle 2 sind die Neutralisationszeiten für alkalische Modellfäden 3,6 bis 4,9 größer als für neutrale Modellfäden. Die Neutralisationskurve in Bild 6 für pH = 2 unterscheidet sich von allen anderen Neutralisationskurven dadurch, daß die H^+-Diffusion in dem Faden zu Beginn der Reaktion nur sehr langsam vor sich geht. Am Reaktionsanfang diffundieren hier auf Grund der geringen H^+-Konzentration ($H^+ \sim 0{,}01$ n) in der Zersetzungslösung die OH^- des Fadens (OH^--Konzentration 1,53 bis 1,57 n) in die Zersetzungslösung (gegenläufige Diffusion), und erst dann, wenn die OH^--Konzentration kleiner als 0,01 n im Faden wird, können die zahlenmäßig im Überschuß vorhandenen H^+ in den Modellfäden diffundieren und die Neutralisationsreaktion im Faden hervorrufen.

Die Neutralisationsgeschwindigkeit während der Entstehung des Modellfadens kann bei konstanten äußeren Bedingungen außer von dem Säure/Alkali-Verhältnis von dem Gelzustand des Modellfadens abhängen. Bei der Fadenbildung besteht der Faden aus Hydratcellulose und Cellulosexanthogenat. Ganz allgemein muß man deshalb annehmen, daß die Diffusion der H^+ sowohl im unzersetzten Cellulosexanthogenat als auch in der Hydratcellulose stattfindet. Aus diesem Grunde untersuchten wir, ob sich die Diffusion der H^+ im entstehenden Modellfaden (Cellulosexanthogenat und Hy-

Tabelle 2. Die Neutralisationszeiten von alkalischen und reinen Na-Cellulosexanthogenat-Modellfäden

H^+-Konzentration bzw. H^+-Aktivität	Neutralisationszeit T [s]		T_2/T_1
	reine Na-Cellulose-xanthogenat-Modellfäden T_1	alkalische Na-Cellulose-xanthogenat-Modellfäden T_2	
2,5 n H_2SO_4	17	80	4,7
1 n H_2SO_4	24,5	120	4,9
pH = 1	56	299	3,6
pH = 2	100	380	3,8

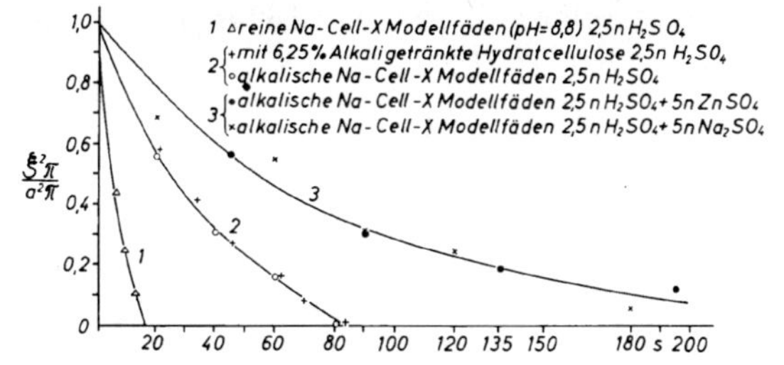

Bild 8. Die Neutralisationsreaktion unterschiedlicher Versuchsobjekte im Spinnbad 2,5 n H_2SO_4 mit und ohne Salzzusätzen. Temperatur 40 °C

dratcellulose) von der H^+-Diffusion im Celluloseregenerat-Modellfaden unterscheidet.

Hierzu wurde die Neutralisation des Celluloseregenerat-Modellfadens mit der Neutralisation im entstehenden Modellfaden (Cellulosexanthogenat und Hydratcellulose) verglichen. Das Ergebnis ist aus Kurve 2 in Bild 8 zu entnehmen.

Die Meßpunkte für alkalische Na-Cellulosexanthogenat-Modellfäden und für mit Alkali getränkte Hydratcellulosefäden liegen bei der hier verwendeten Meßmethode auf einer Kurve.

Dieses Meßergebnis läßt die Schlußfolgerung zu, daß man die Diffusion der H^+ in das alkalische Cellulosexanthogenat als einfache Säure-Alkali-Neutralisation in einem heterogenen Medium auffassen darf, wobei die Umwandlung des Cellulosexanthogenats in Hydratcellulose nicht berücksichtigt zu werden braucht. Wenn man dagegen als Medium neutrales Natriumcellulosexanthogenat verwendet, so ist die Beschleunigung der Neutralisation so groß, daß eine Beeinflussung der Diffusion durch eine zweite Phase (Hydratcellulose) vernachlässigbar klein ist, wie sich aus dem Verlauf der Kurve 1 in Bild 8 ergibt.

Es wurde weiter geprüft, wie Salzzusätze zu dem Spinnbad 2,5 n H_2SO_4 die Diffusion der H^+ beeinflussen. Kurve 3 in Bild 8 zeigt, daß Zusätze von 5 n $ZnSO_4$ bzw. 5 n Na_2SO_4 die Neutralisation des alkalischen Modellfadens stark verzögern. Dabei haben $ZnSO_4$ und Na_2SO_4 die gleiche Wirkung.

2.5 Die Auswertung der Meßergebnisse und ihre Diskussion

Für die Neutralisationskurven in den Bildern 6, 7 und 8 sind nach den unter 2.2 beschriebenen Methoden Diffusionskoeffizienten berechnet worden und in Bild 9 über der H^+-Konzentration der Zersetzungslösungen aufgetragen. Aus dem Bild 9 geht hervor, daß alle drei Methoden ungefähr die gleichen Diffusionskoeffizienten für reine und alkalische Natriumcellulosexanthogenat-Modellfäden ergeben. Man kann daraus schlußfolgern, daß alle drei Methoden zur Bestimmung von D geeignet sind. Bei Erhöhung der H^+-Konzentration ($[H^+] > 10^0$ n) beziehungsweise des Konzentrationsgefälles zwischen Zersetzungslösung und Faden steigen die Diffusionskoeffizienten an. Die H^+-Konzentrationsabhängigkeit von D ist bei reinen Natriumcellulosexanthogenat-Modellfäden pH = 8,8 wesentlich stärker als bei alkalischen. Die Ursache hierfür ist eine Veränderung des Konzentrationsgefälles. Das zu Beginn der Reaktion vorhandene größere Konzentrationsgefälle bei alkalischen Na-Cellulosexanthogenat-Modellfäden wird beim

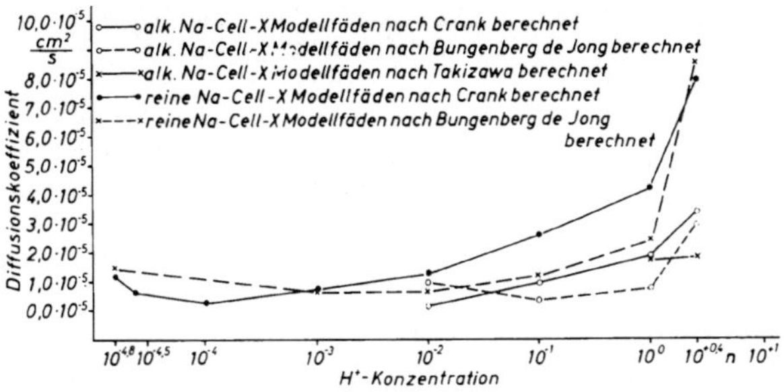

Bild 9. Die Diffusionskoeffizienten von reinen (pH = 8,8) und alkalischen (1,56 n) Natriumcellulosexanthogenat-Modellfäden in Abhängigkeit von der H^+-Konzentration der Zersetzungslösung bei 40 °C

Fortschreiten der Reaktion durch die Neutralisation schneller verkleinert als im Falle der neutralen Na-Cellulosexanthogenat-Modellfäden.

Eine Erhöhung der Konzentration führt immer zu einer stärkeren interionischen Wechselwirkung. Mit zunehmender interionischer Wechselwirkung müßten aber dann die D-Werte kleiner und nicht größer werden. Diesen Widerspruch kann man vielleicht so deuten, daß bei großem Konzentrationsgefälle ein anderer Wanderungsmechanismus der H-Ionen vorliegt, derart, daß teilweise die Ladungen und nicht nur die Ionen wandern, wodurch sich zwangsläufig die größeren D-Werte erklären würden. In sulfathaltigen Bädern ist auch möglich, daß nicht nur die H_3O^+, sondern auch die Säure HSO_4^- wandert. Inwieweit die Sulfatanionen überhaupt wegen der Elektroneutralität in dem Faden mit den H-Kationen diffundieren und deren Wanderungsgeschwindigkeit beeinflussen, werden wir später mit markierten Sulfatanionen prüfen.

Die berechneten Diffusionskoeffizienten gelten auf Grund der Ableitungen ihrer Gleichungen hauptsächlich für die inneren Faserbereiche. Nach den Berechnungsmethoden von *Bungenberg de Jong — Takizawa* und *Crank* sind D-Werte für alle Zersetzungslösungen bestimmbar.

Nach der Methode von *Takizawa* sind Diffusionskoeffizienten nur für alkalische Modellfäden in den Zersetzungslösungen 1 n H_2SO_4 und 2,5 n H_2SO_4 berechnet worden. Bei Spinnbädern mit Salzzusätzen ist die Methode von *Takizawa* nicht anwendbar, da der Einfluß der Salzzusätze auf das Verhältnis v_0/u_0 nicht bekannt ist. Für neutrale Modellfäden und für alkalische Modellfäden — die in Spinnbäder mit niedriger H^+-Aktivität gesponnen werden — liegen die Werte für v_0/u_0 nicht mehr in dem auswertbaren Bereich der von *Takizawa* aufgestellten Kurvenschar (siehe hierzu Bild 5).

Neben neutralen und alkalischen Na-Cellulosexanthogenat-Modellfäden wurden für das Spinnbad 2,5 n H_2SO_4 auch Diffusionskoeffizienten für technische Viskosekapillarfäden $\varnothing \sim 0{,}1$ mm und für mit Alkali getränkte Hydratcellulosefäden bestimmt. Das Ergebnis ist in Tabelle 3 dargestellt.

Die Werte der Tabelle 3 können folgendermaßen diskutiert werden: Wie schon erläutert, sind die Diffusionskoeffizienten auf Grund der geringen OH^--Konzentration im Faden für reine Natriumcellulosexanthogenat-

Tabelle 3. Diffusionskoeffizienten für verschiedene Versuchsobjekte im Spinnbad 2,5 n H_2SO_4

Versuchs-objekte	Fadendurchmesser: ∅ Neutralisationszeit: T	Diffusionskoeffizienten cm^2/s berechnet nach *Takizawa*	*Bungenberg de Jong*	*Crank*
reine Natriumcellulosexanthogenat-Modellfäden (pH = 8,8)	∅ = 1,26 mm; T = 17,5 s	—	$8{,}43 \cdot 10^{-5}$	$7{,}82 \cdot 10^{-5}$
Alkalische Natriumcellulosexanthogenat-Modellfäden	∅ = 1,89 mm; T = 80,0 s	$1{,}80 \cdot 10^{-5}$	$2{,}93 \cdot 10^{-5}$	$3{,}35 \cdot 10^{-5}$
Viskosekapillarfäden	∅ = 0,0925 mm; T = 0,294 s	$1{,}20 \cdot 10^{-5}$	$1{,}58 \cdot 10^{-5}$	$2{,}22 \cdot 10^{-5}$
mit 6,27% NaOH getränkte Hydratcellulose Modellfäden	∅ = 1,89 mm; T = 85 s	$1{,}74 \cdot 10^{-5}$	$2{,}40 \cdot 10^{-5}$	$3{,}22 \cdot 10^{-5}$

Modellfäden (pH = 8,8) viel größer als für die Versuchsobjekte, die Alkali enthalten.

Viel geringer ist dagegen der Unterschied für alkalische Na-Cellulosexanthogenat-Modellfäden und für mit 6,27% NaOH getränkte Hydratcellulose-Modellfäden. Diese Differenz liegt innerhalb der Fehlergrenze der verwendeten Meß- und Rechenmethoden (es fallen auch die Neutralisationskurven für beide Versuchsobjekte nach Bild 8 Kurve 2 ungefähr zusammen). Die Diffusionskoeffizienten für Na-Cellulosexanthogenat-Modellfäden (∅ = 1,89 mm) und -Kapillarfäden (∅ = 0,0925 mm) unterscheiden sich für die beiden Versuchsobjekte nach allen drei Berechnungsmethoden um etwa 30 bis 50%, wobei der Fadendurchmesser aber eine Änderung von 1:20 erfahren hat. Deshalb kann man den Diffusionskoeffizienten als vom Fadendurchmesser weitgehend unabhängig ansehen. Bei der Differenz von 30 bis 50% muß man berücksichtigen, daß im Spinnbad in Abhängigkeit von der durchlaufenen Badstrecke der Faden stark schrumpft (nach *Klare* und *Gröbe* [16] vom Düsenabstand 0,05 bis 400 mm um 38,2 bis 49%) und man deshalb mit einem mittleren Fadendurchmesser rechnen muß, der quadratisch in alle drei Bestimmungsgleichungen für den Diffusionskoeffizienten eingeht.

Nach Bild 9 ist der Diffusionskoeffizient für die Diffusion der H^+ in den sich bildenden Faden (Cellulosexanthogenat + Hydratcellulose)

$$D = 0{,}18 \text{ bis } 2{,}59 \cdot 10^{-5}\ cm^2/s \text{ bei } 40\,^\circ C.$$

Das Ergebnis gilt für folgendes Intervall:

H^+-Konzentration der Zersetzungslösung $c_H = 10^{-5}$ bis 10^0 n,

OH^--Konzentration des Faden $c_{OH} = 10^{-5,2}$ bis $10^{0,2}$ n.

Der berechnete Diffusionskoeffizient stellt eine Geschwindigkeitskonstante für die H^+-Diffusion — die mit der Neutralisation verbunden ist — in den sich bildenden Faden dar. Der Diffusionskoeffizient ist vom Fadendurchmesser unabhängig.

In der Literatur findet man von *Takizawa* [14] für die H^+-Diffusion in Hydratcellulose $D = 1{,}45$ bis $1{,}59 \cdot 10^{-5}\ cm^2/s$ und von *Kargin* u. Mitarb. [9] für die H^+-Diffusion in Viskosekapillarfäden $D = 0{,}682 \cdot 10^{-5}\ cm^2/s$.

Beide Werte liegen in dem oben angegebenen Intervall.

Zusammenfassung

Wenn die Viskose durch die Düsenlöcher in das saure Spinnbad gelangt, beginnt als primäre Reaktion die Diffusion der Spinnbadkomponenten in den sich bildenden Faden. Die Diffusion der H-Ionen aus dem Spinnbad in den alkalischen Faden wurde durch den Farbumschlag eines Indikators im Faden als wandernde Grenzlinie in Abhängigkeit von den Parametern: Alkaligehalt der Viskose, pH-Wert und Zusammensetzung der Spinnbäder verfolgt. Aus den Meßergebnissen wurden nach einer kritischen Betrachtung über bisher vorliegende Versuche zur Berechnung des Diffusionskoeffizienten, nach drei Methoden Diffusionskoeffizienten berechnet. Die verwendeten Berechnungsmethoden wurden abgeleitet und ihre Aussagekraft diskutiert.

Die aus eigenen Messungen berechneten Diffusionskoeffizienten liegen nach allen drei Berechnungsmethoden im Bereich

$$D = 0{,}18 \text{ bis } 2{,}59 \cdot 10^{-5}\ cm^2/s.$$

Erst bei Erhöhung der H^+-Konzentration > 1 n zeigen die Diffusionskoeffizienten eine Konzentrationsabhängigkeit.

Eingegangen am 29. Oktober 1963

Zur Kenntnis der Feinstrukturveränderungen von PE-Faserstoffen durch chemische und thermische Einflüsse[1)]

Günther von Hornuff, Institut für Textilchemie der TU Dresden, und
Harald Grimm, Deutsche Akademie der Wissenschaften zu Berlin, Institut für Technologie der Fasern in Dresden

Herrn Dr. Totila Madlung zum 65. Geburtstag gewidmet

DK 677.494.674:677.044.322:539.216.1

Mit Hilfe verschiedener Untersuchungsmethoden — zunächst an unterschiedlich thermisch behandeltem Polyester-Faserstoff erprobt — wurden die Feinstrukturveränderungen nach der Einwirkung von Färbebeschleunigern auf Polyester-Faserstoffe untersucht. Es wird gezeigt, daß die Feinstrukturveränderungen auf einer geringen Kristallinitätsgraderhöhung und einer starken Desorientierung der kristallinen Bereiche im Faserstoff beruhen.

К вопросу о изменениях тонкой структуры полиэфирных волокон под влиянием химических и термических воздействий

Изучены изменения тонкой структуры полиэфирных волокон после воздействия переносчиков при применении различных методов, которые до этого были испытаны на различно термообработанных полиэфирных волокнах. Показано, что изменения тонкой структуры состоят в небольшом повышении степени кристалличности и сильной дезориентации кристаллических областей в волокнистом материале.

On the Changes of Fine Structure in Polyester Fibres by Chemical and Thermical Influences

The effects of carriers on the fine structure in polyester fibres were investigated by various methods which were previously examined on fibres thermically treated in different manner. The structural changes are shown to consist in a slight increase in cristallinity and in a large reduction of orientation in the cristalline regions of the fibre.

1 *Einleitung*

Die empirisch gefundene Tatsache der färbebeschleunigenden Wirkung von ausgewählten organischen Substanzen bei der Färbung hydrophober Faserstoffe ist schon seit über einem Jahrzehnt bekannt. Die Wirkungsweise der Färbebeschleuniger (Carrier) ist offensichtlich komplexer Natur und noch nicht befriedigend geklärt.

Unsere Versuche wurden durch eine Arbeit von *Elöd* [1] angeregt. Diese und die Untersuchungen der Piedmont Section [2] sowie die von *Elöds* Mitarbeitern *Hendrix* [3] und *Vinh-Am* [4] ergaben, daß die Färbebeschleuniger eine Veränderung der Faserstoffstruktur bewirken. Uns interessierten folgende Fragen:

1. Welche Parameter der übermolekularen Struktur der Polyester-Faserstoffe werden durch die Färbebeschleuniger-Einwirkung verändert?
2. Wie werden diese Parameter verändert, und welche Parallelen sind gegenüber der Thermofixierung festzustellen?

[1)] Auszug aus der Dissertation *H. Grimm*, TU Dresden, Math.-nat. Fakultät, Juni 1963

2 *Thermische Einwirkung*

Verschiedene Feinstrukturuntersuchungsmethoden [15], die teilweise auch von *Petzold* [5] und *Roth* und *Hannes* [6] angewandt worden sind, wurden modifiziert und zunächst an einer Versuchsreihe in 20 grd Abstufungen von 100 bis 200°C spannungslos heißluftfixierter LANON- (jetzt GRISUTEN)-Seide (10 tex, 24fach, matt) angewandt und überprüft. Die Ergebnisse gibt Tabelle 1 wieder.

Die meisten Feinstrukturuntersuchungsmethoden ergeben nur Relativwerte. Eine Eichung ist mit wünschenswerter Exaktheit nur selten möglich. Viele Untersuchungsverfahren sind mit einem derartigen experimentellen Aufwand verknüpft, daß die einfacheren physikochemischen Methoden ihre Bedeutung behalten. Von vornherein kann nicht erwartet werden, daß letztere Methoden selektiv auf einzelne Parameter ansprechen, denn die angewandten Reagenzien wirken auf den Faserstoff in seiner Gesamtheit, und der Faser-

Tabelle 1. Übersicht über die Meßwerte verschiedener Untersuchungsmethoden an LANON-Seide in Abhängigkeit von der Heißluftfixiertemperatur

Behandlung	Kritische Lösezeit in Phenol [s]	Partielle Verseifungszahl [mg KOH/g Faserstoff]	Farbstoffaufnahme (Cibacetblau RF) [mg Farbstoff/g Faserst.]	Jodsorptionszahl [mg Jod/g Faserst.]	Phenolsorptionszahl [mg Phenol/g Faserst.]	Effektiver Kristallinitätsgrad (Dichte) [%]	Kristallinitätsgrad+) (Röntgen)	Röntgenorientierung Reflex (010)	(100)	Spezifische Doppelbrechung
50 °C gewaschen	4,6	160	12,0	89,5	164	32,3	20,4	11,0°	9,0°	0,219
100 °C 30 min	4,5	151	11,5	77,8	164	37,5	38,4	9,9	8,8°	0,209
120 °C 30 min	9,9	137	10,3	65,2	156	40,8	46,0	10,9°	9,5°	0,197
140 °C 30 min	17,6	130	6,5	31,3	123	47,3	45,5	10,8°	9,9°	0,188
160 °C 30 min	69,6	146	6,5	29,3	88	52,0	49,1	10,2°	10,0°	0,193
180 °C 30 min	139,8	179	9,0	28,0	63	56,8	49,0	9,5°	10,3°	0,192
200 °C 30 min	364,2	253	12,1	30,9	61	58,1	57,8	9,4°	10,9°	0,192

+) Die Röntgenaufnahmen wurden im Institut für Faserstoff-Forschung in Teltow-Seehof durchgeführt. Herrn Dr. *Ruscher* wird für die Anleitung und Unterstützung herzlich gedankt.

Tabelle 2. Beurteilung der Untersuchungsmethoden

Methode	geschätzte durchschnittliche Arbeitszeit (ohne Reaktionszeit) [h]	Differenzierung der Meßwerte	Reproduzierbarkeit
Kritische Lösezeit	1	sehr gut	sehr gut
Partielle Verseifungszahl	2	gut	befriedigend
Farbstoffaufnahme	1	ausreichend	gering
Jodsorptionszahl	2	ausreichend	gering
Phenolsorptionszahl	1	gut	gut
Dichtemessungen	2...3	sehr gut	sehr gut
Spezifische Doppelbrechung	1	befriedigend	gut

stoff verändert sich während eines Behandlungsprozesses insgesamt, wobei lediglich einzelne Parameter bevorzugt werden. Trotz dieser Einschränkungen sind einige Zusammenhänge zwischen den physikochemischen Kennzahlen und den physikalischen Meßwerten zu erkennen. Es erweist sich als zweckmäßig, zur Beweisführung mehrere unterschiedliche Methoden auf die gleiche Problematik anzuwenden.

Die kritische Lösezeit in Phenol spricht besonders auf Kristallinitätsgradveränderungen an. Geringe Feinstrukturunterschiede sind damit nachweisbar (s. auch Tabelle 2).

Die Partielle Verseifungszahl zeigt relative Veränderungen der Orientierung an, wobei Kristallinitätsgradänderungen diese Kennzahl mit beeinflussen. *Kuriyama* und *Korematsu* [7] hatten dementsprechend eine Senkung der Verseifungsgeschwindigkeit mit ansteigendem Verstreckungsverhältnis festgestellt.

Das Farbstoffaufnahmevermögen von Cibacetblau RF läßt Feinstrukturunterschiede erkennen.

Die Jodsorptionszahl hat durch erhebliche Wertestreuung und hohe Reaktionstemperatur bei Polyester-Faserstoffen nicht die Bedeutung wie bei anderen Faserstoffen.

Anstelle der Jodsorptionszahl ist bei Polyester-Faserstoffen die Phenolsorption wichtig. Die Phenolsorption bei refraktometrischer Konzentrationsbestimmung [6] ergibt bei geringem Arbeitsaufwand gut reproduzierbare Kennzahlen mit geringer Streuung. Die Phenolsorption spricht im untersuchten Fixiertemperaturgebiet offensichtlich auf Kristallinitätsgradänderungen an. *Wunsch* und *Hoffrichter* [8] fanden einen sehr ähnlichen Kurvenverlauf mit der Heißluftfixiertemperatur. Nach *Hirokuni* [9] werden bei niedriger Phenolkonzentration die wenig geordneten Bereiche, bei höherer Phenolkonzentration die Bereiche höherer Ordnung des Polyester-Faserstoffes in einen Zustand völliger Amorphie übergeführt.

Genaue Aussagen über den „Effektiven Kristallinitätsgrad" (*Zachmann* und *Stuart* [10]) ermöglicht die Dichtemessung. Da sich nach *Farrow* und *Ward* [11] die Dichte der nichtkristallinen Bereiche mit der Verstreckung vergrößert, unterscheiden sich der „Effektive" und der wahre Kristallinitätsgrad um einen verstreckungsabhängigen Faktor. Röntgenkristallinitätsgrad und „Effektiver Kristallinitätsgrad" unterscheiden sich daher beim nur gewaschenen Material stark, bei den anderen Werten ist die Übereinstimmung wesentlich besser. Die Differenz beider Werte beruht demnach auf der hohen Dichte des verstreckten, aber nichtkristallinen Materials. So zeigten die Röntgenaufnahmen des nur gewaschenen Materials kaum diskrete Reflexe. Damit ist auch der Orientierungswert bei dieser Probe unsicher.

Über 140 °C laufen die Tendenzen der Röntgenorientierung auseinander. Die spezifische Doppelbrechung bleibt jedoch in diesem Temperaturgebiet konstant, weil die Doppelbrechung nur ein Maß für die mittlere Kettenorientierung darstellt. Die gegenläufigen Orientierungstendenzen müssen zwangsläufig eine Drehung und Fältelung der Kettenmoleküle in den nichtkristallinen Bereichen ergeben. Dies würde den Anstieg der Partiellen Verseifungszahlen, der Farbstoffaufnahme u. a. Kennzahlen erklären, die auch schon von anderen Autoren [5, 12] beschrieben wurden.

3 *Chemische Einwirkung*

Zur quantitativen Extraktion der Färbebeschleuniger nach deren Einwirkung sind Lösungsmittel notwendig, die keinen oder nur geringen Einfluß auf den Strukturzustand haben. Die Einwirkung der Lösungsmittel nach 30 h Behandlung im Soxhletapparat und anschließender Trocknung zeigt sich am deutlichsten an der Dehnungsveränderung im Bereich von 295 bis 300 p Belastung (s. Tabelle 3).

Aceton erscheint als am wenigsten geeignet. Methanol wurde wegen der hohen Schrumpfung nicht weiter geprüft. Wir wendeten Diäthyläther an, weil das Lösevermögen für die Färbebeschleuniger besser ist und Petroläther keinen einheitlichen Siedepunkt hat, was zu unkontrollierbaren Wärmeeffekten führen könnte.

Die Feinstrukturveränderungen durch die Färbebeschleuniger Palanil-Carrier A, Remol TRF, Grünau-Carrier 531 und Levegal PT unterscheiden sich nicht grundsätzlich, so daß wir uns auf die Wiedergabe der Versuchsergebnisse mit Remol TRF (enthält 40% o-Phenylphenol) beschränken können. Zur Abgrenzung des Einflusses von Äther und kochendem Wasser sind die entsprechenden Werte angeführt. Die mit den verschiedenen Untersuchungsmethoden ermittelten Kennzahlen gibt Tabelle 4 wieder.

Die verschiedenen Polyester-Seidentypen unterscheiden sich vor allem durch den Elementarfadendurch-

Tabelle 3. Dehnung in % bei 295 bis 300 p Belastung an lösungsmittelbehandelten Polyester-Seiden

Behandlung	Polyester-Seiden unfixiert		Polyester-Seiden vom Faserstoffhersteller vorfixiert	
	LANON (10 tex, 24fach)	TREVIRA (10 tex, 50fach)	TREVIRA (11 tex, 50fach)	DIOLEN (11 tex, 36fach)
50 °C gewaschen	4,4	5,5	13,6	13,0
Diäthyläther	6,4	7,3	13,1	12,4
Petroläther	4,7	5,6	13,2	13,0
Aceton	19,9	14,8	15,0	14,7

Tabelle 4. Feinstrukturänderungen von Polyester-Seiden nach der Einwirkung und Ätherextraktion von Remol TRF

Behandlung	Kritische Lösezeit in Phenol [s]	Partielle Verseifungszahl [mg KOH/g Faserstoff]	Phenolsorption [mg Phenol/g Faserst.]	Spezifische Doppelbrechung	Röntgenorientierung Reflex (010)	Röntgenorientierung Reflex (100)	Röntgenkristallinitätsgrad [%]	Effektiver Kristallinitätsgrad (Dichte) [%]	Reißdehnung [%]	Schrumpfung bei 98°C [%]
LANON (10 tex, 24fach)										
50°C gewaschen	4,6	186	175	0,219	8,5°	8,8°	19,5	33,7	16,2	—
30 h Äther	4,0	186	180	—	—	—	—	33,0	22,5	—
1 h H_2O	6,5	175	167	0,185	10,8°	10,5°	36,8	40,9	33,8	15,0
5 g/l	7,5	294	152	0,180	—	—	—	40,5	34,3	23,2
10 g/l	10,2	341	153	0,173	—	—	—	41,7	36,0	25,8
20 g/l	11,2	434	176	0,176	10,8°	11,9°	36,6	45,3	43,8	26,3
LANON (10 tex, 24fach höher verstreckt)										
50°C gewaschen	6,2	164	168	0,221	—	—	—	34,7	12,4	—
30 h Äther	5,7	161	174	—	—	—	—	35,9	14,3	—
1 h H_2O	12,4	164	161	0,190	—	—	—	40,8	25,9	14,0
5 g/l	11,7	273	153	—	—	—	—	41,8	28,6	22,5
10 g/l	13,2	397	144	—	—	—	—	44,1	34,0	25,8
20 g/l	12,8	399	151	0,182	—	—	—	44,8	38,4	26,4
TREVIRA (11 tex, 50fach)										
50°C gewaschen	4,2	242	155	0,223	6,9°	6,8°	38,0	41,4	19,0	—
30 h Äther	5,0	236	159	—	—	—	—	41,3	26,5	—
1 h H_2O	10,3	225	154	0,220	6,9°	7,4°	44,1	43,5	30,4	8,1
5 g/l	9,3	402	138	0,210	—	—	—	44,1	30,2	14,6
10 g/l	8,5	424	133	0,196	—	—	—	45,6	33,2	18,7
20 g/l	8,0	451	120	0,199	8,2°	9,6°	48,2	45,5	39,5	18,9
TREVIRA (12,5 tex, 50fach, hochfest)										
50°C gewaschen	14,8	156	143	0,228	6,1°	6,3°	38,1	41,9	9,5	—
30 h Äther	14,4	155	150	—	—	—	—	42,2	12,3	—
1 h H_2O	26,8	164	142	0,220	7,8°	8,1°	42,3	44,3	17,4	8,1
5 g/l	22,0	284	127	—	—	—	—	45,4	20,3	16,5
10 g/l	17,4	291	128	—	—	—	—	45,1	24,3	18,7
20 g/l	16,8	351	129	0,196	8,7°	9,4°	49,0	46,6	27,7	19,5
TREVIRA (11 tex, 50fach, vom Faserhersteller vorfixiert)										
50°C gewaschen	21,8	204	154	0,224	—	—	—	44,5	30,6	—
30 h Äther	21,0	208	152	—	—	—	—	44,6	30,3	—
1 h H_2O	23,6	222	147	0,220	—	—	—	44,0	28,8	0,1
5 g/l	13,3	393	128	—	—	—	—	44,7	30,5	7,5
10 g/l	11,4	405	136	—	—	—	—	46,0	36,2	10,0
20 g/l	10,7	440	147	0,211	—	—	—	46,7	39,8	10,4
DIOLEN (11 tex, 36fach, vom Faserhersteller vorfixiert)										
50°C gewaschen	21,1	181	152	0,211	—	—	—	43,4	23,9	—
30 h Äther	20,6	185	154	—	—	—	—	44,0	24,6	—
1 h H_2O	23,6	181	146	0,210	—	—	—	44,0	23,9	0,4
5 g/l	14,2	394	140	—	—	—	—	45,7	33,0	9,2
10 g/l	13,7	425	145	—	—	—	—	45,8	33,3	11,3
20 g/l	12,8	425	145	0,192	—	—	—	49,4	31,3	12,5

messer. Die beiden LANON-Typen hatten niedrigere Kristallinitätsgrade und waren auch geringer orientiert als die Polyester-Seide anderer Herkunft.

Wie aus den Versuchen an der Heißluftfixierreihe hervorgeht, werden durch die Kritische Lösezeit in Phenol bevorzugt Kristallinitätsgradänderungen angezeigt. Bei den beiden LANON-Typen beruht die Erhöhung der Werte durch den Färbebeschleuniger auf diesem Effekt. Bei den anderen Polyester-Seiden wird die geringe Kristallinitätsgraderhöhung — aus den anderen Kennzahlen geschlossen — durch die Desorientierung überlagert, und die Kritische Lösezeit sinkt mit steigender Färbebeschleunigerkonzentration. Schon die einstündige Behandlung mit kochendem Wasser erhöht die Werte um fast das Doppelte. Das kochende Wasser wirkt als Fixierprozeß mit Kristallinitätsgraderhöhung und zunehmender Kritischer Lösezeit.

Die Partielle Verseifungszahl steigt mit der angewandten Färbebeschleunigerkonzentration an. Die starke Desorientierung übersteigt in ihrem Einfluß wie bei der Heißluftfixierung über 140°C die Kristallinitätserhöhung vollkommen, so daß die hohen Partiellen Verseifungszahlen zustande kommen. TREVIRA (11 tex, 50-fach) unfixiert und vom Faserstoffhersteller vorfixiert unterscheiden sich nur im Kristallinitätsgrad. Sie ergeben nach der Färbebeschleunigereinwirkung sehr

Tabelle 5. Wirkung von Salicylsäuremethylester-Behandlung und Verstreckung auf TREVIRA (11 tex, 50fach)

Behandlung	Partielle Verseifungszahl [mg KOH/ g Faserstoff]	Farbstoffaufnahme (Cibacetblau RF) [mg Farbstoff/ g Faserstoff]	Effektiver Kristallinitätsgrad [%]	Spezifische Doppelbrechung	Röntgenorientierung Reflex (010)	(100)
50 °C gewaschen	242	14,7	41,4	0,223	6,9°	6,8°
vor der Verstreckung	360	17,1	44,9	0,213	7,9°	8,4°
nach der Verstreckung	269	15,9	45,1	0,223	6,3°	6,1°

ähnliche Partielle Verseifungszahlen, weil dadurch gleichartige Desorientierungserscheinungen hervorgerufen werden. Die Partielle Verseifungszahl läßt also die Kristallinitätsgradänderungen weitgehend unberücksichtigt.

Bis zu 5 g/l Färbebeschleunigerkonzentration wird die Phenolsorption geringer als beim Ausgangsmaterial. Dann steigt oder fällt die Phenolsorption in Abhängigkeit vom Polyester-Faserstofftyp, von der Zusammensetzung des Färbebeschleunigers und von dessen Konzentration. So wird bei Remol TRF bei LANON und den vorfixierten Polyester-Seidentypen ein Minimum durchlaufen. Das Absinken der Phenolsorptionszahl beruht offensichtlich auf der Kristallinitätsgraderhöhung, die aber bei der Färbebeschleunigereinwirkung gering ist und bei höheren Färbebeschleunigerkonzentrationen von der starken Desorientierung überlagert werden kann.

Die spezifische Doppelbrechung läßt mit steigender Färbebeschleunigerkonzentration die Desorientierung erkennen, die schon durch die hohen Schrumpfungswerte zu erwarten war.

Die Röntgenmessungen zeigten nach der Färbebeschleunigereinwirkung wie nach der Heißluftfixierung über 140 °C eine verstärkte Desorientierung des (100)-Reflexes gegenüber dem (010)-Reflex. Diese Aufspreizung der Reflexebenen und die damit verbundenen Veränderungen in den nichtkristallinen Bereichen ist offensichtlich für das Ansteigen der Partiellen Verseifungszahl, des Anfärbevermögens u. a. Kennzahlen notwendig.

Die Erhöhung des Kristallinitätsgrades an Polyester-Filmen durch Quellung in Aceton ist von *Zachmann* [13] und beim Einlegen in Benzol von *Sheldon* [14] festgestellt worden. *Vinh-Am* [4] konnte die Dichteerhöhung bei Polyesterfaserstoffen durch Färbebeschleuniger nachweisen. Diese Erscheinung wurde jedoch grundsätzlich anders gedeutet [4]. Die Röntgenwerte lassen erkennen, daß eine echte Kristallinitätsgraderhöhung bei den Polyester-Seiden durch die Färbebeschleunigereinwirkung eintritt. Hohlräume, in die die Schwebeflüssigkeit (Natriumbromidlösung) eindringen könnte, bzw. eine Adsorption des Natriumbromids konnten nicht beobachtet werden. Je höher die Färbebeschleunigerkonzentration, um so größer wird die Reißdehnung. Die Kraft-Dehnungs-Diagramme stimmten in ihrem Verlauf mit denen von *Elöd* [1] durch Färbebeschleunigereinwirkung als auch mit denen von *Petzold* [5] durch Thermofixierung erhaltenen überein, da die bei beiden Behandlungsprozessen auftretende Schrumpfung beim Reißversuch wieder ausgezogen wird. Die größten Schrumpfungs- bzw. Reißdehnungswerte — entsprechend ihrem Ausgangszustand — hatten die unfixierten Polyester-Seiden.

Einen weiteren Beweis für die Art der Feinstrukturänderungen erbrachte folgender Versuch:

TREVIRA (11 tex, 50fach) wurde mit 10 g/l Salicylsäuremethylester als Färbebeschleuniger behandelt. Nach der Entfernung des Esters wurde das Material unter Berücksichtigung der Relaxation im Normalklima im Reißapparat so weit gestreckt, daß die Schrumpfung wieder ausgezogen wurde. Die Ergebnisse gibt Tabelle 5 wieder. Es zeigte sich, daß durch die Verstreckung bei 20 °C die durch den Färbebeschleuniger erzeugte Desorientierung im Rahmen der experimentellen Fehlerquellen wieder rückgängig gemacht werden konnte. Dies gibt auch das Bild 1 mit dem Kraft-Dehnungsdiagramm wieder.

Durch die Streckung nehmen die Partielle Verseifungszahl und das Farbstoffaufnahmevermögen wieder ab. Dies beweist wiederum, daß die Partielle Verseifungszahl und die Farbstoffaufnahme vom Orientierungsgrad bestimmt werden, und daß die Strukturveränderung durch Färbebeschleuniger in der Desorientierung und in einer geringen Kristallinitätsgraderhöhung besteht. Der Kristallinitätsgrad blieb bei der Verstreckung konstant.

4 Diskussion

Durch die Energiezufuhr beim Heißluftfixieren wie auch bei der Färbebeschleunigereinwirkung wird die Beweglichkeit der Polyester-Moleküle vergrößert —

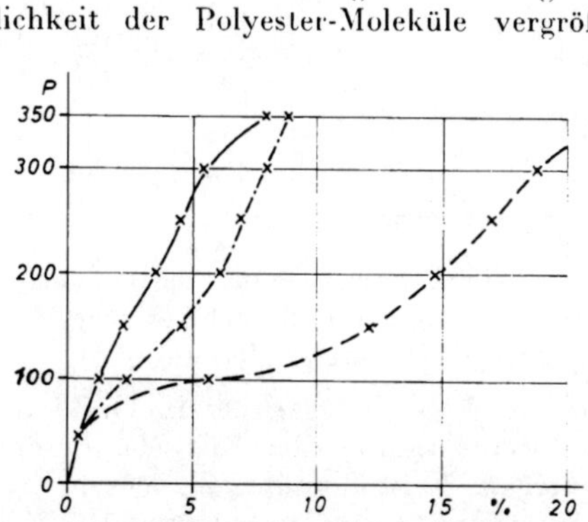

Bild 1. Kraft-Dehnungsdiagramm von TREVIRA (11 tex, 50fach) nach Vorbehandlung mit 10 g/l Salicylsäuremethylester und Verstreckung

———— bei 50 °C gewaschen
— — — nach Vorbehandlung und Extraktion
— · — · nach Vorbehandlung, Extraktion und Verstreckung

beim Einwirken von Färbebeschleunigern noch durch die Quellung verstärkt —, so daß sich die Makromoleküle in energetisch oder statistisch bevorzugte Lagen entgegen der aufgezwungenen Verstreckungsrichtung neu anordnen können. Makroskopisch wird dies durch die Schrumpfung sichtbar. Der Hauptunterschied zwischen der Heißluftfixierung und der Färbebeschleunigereinwirkung ist im starken Anwachsen des Kristallinitätsgrades beim ersteren Vorgang und der geringen Kristallinitätsgraderhöhung beim letzteren Prozeß zu suchen. Die starke Desorientierung tritt bei beiden Einwirkungsvorgängen auf. Durch die mit der Desorientierung einhergehende starke Kristallinitätsgraderhöhung beim Heißluftfixieren kann z. B. die Partielle Verseifungszahl nicht so hoch ansteigen wie nach der Färbebeschleunigereinwirkung.

Trotz Ansteigens des Kristallinitätsgrades kann bei beiden Behandlungsarten das Anfärbevermögen verbessert werden. Dies steht zunächst im Widerspruch zu den allgemeinen Anschauungen, wonach die Anfärbung nur in den nichtkristallinen Bereichen stattfindet. Die nichtkristallinen Bereiche werden jedoch so weit verändert, daß ihre Zugänglichkeit für verschiedene Reagenzien verbessert wird.

5 *Experimenteller Teil*

Kritische Lösezeit in Phenol: Es wurde die Zeit zur Durchlösung einer einfachen Fadenschlinge unter Belastung von 1 p in Phenol von 60 °C gemessen.

Partielle Verseifungszahl: 0,25 g Polyester-Seide wurden mit 25 ml 0,3 n KOH 2 h bei 50 °C anverseift und die überschüssige KOH mit 0,1 n HCl zurücktitriert.

Farbstoffaufnahme: Es wurde mit 3% Cibacetblau RF und 3% Ditalan-OC-Paste im Flottenverhältnis 1 : 15 1 h kochend gefärbt und die Restflotte kolorimetriert.

Jodsorptionszahl: 0,5 g Polyester-Seide wurden mit 5 ml Jodlösung (77 g/l Jod, 616 g/l KJ) 2 h im kochenden Wasserbad gehalten.

Die Titration erfolgte mit 0,02 n $Na_2S_2O_3$.

Phenolsorptionszahl: 0,25 g Polyester-Seide wurden mit 5 ml Phenollösung (60 g/l) 2 h bei 40 °C im Thermostatenbad gehalten und die Konzentrationsänderung refraktometrisch gemessen.

Dichtemessungen: Es wurde nach der Schwebemethode in Natriumbromidlösung mit Aräometern (4. Dezimalstelle) gemessen.

Röntgenmessungen: Kamera URK 2 nach *Buscher* mit Goppelaufsatz.

Spezifische Doppelbrechung: Es wurde mit dem Polarisationsmikroskop Polmi A mit Drehkompensator 1. bis 4. Ordnung und Kompensationsplättchen Rot IV gemessen.

Thermische Einwirkungen: Die Heißluftfixierungen erfolgten in Strangform spannungslos im Trockenschrank bei einer Aufheizzeit von 5 bis 7 min.

Chemische Einwirkungen: Die zu untersuchenden Polyester-Seiden wurden mit dem gut emulgierten Färbebeschleuniger 1 h bei Kochtemperatur im Flottenverhältnis 1:100 in Strangform spannungslos behandelt und an der Luft getrocknet. Anschließend wurde 30 h mit absolutem Äther im Soxhletapparat extrahiert, luftgetrocknet und abschließend 4 h bei 40 °C unter Luftumwälzung im Trockenschrank getrocknet. Der Färbebeschleunigergehalt des Faserstoffs wurde während der Extraktion geprüft.

Für die Genehmigung, diese Arbeit als Forschungsauftrag zu bearbeiten, wird Herrn Prof. Dr.-Ing. habil. *W. Bobeth*, Direktor des Instituts für Technologie der Fasern, Dresden, der Deutschen Akademie der Wissenschaften zu Berlin, gedankt.

Literatur

[1] *Elöd, E.*, Melliand Textilber. **41** (1960) S. 195—199.

[2] Piedmont Section: Amer. Dyestuff Reporter **48** (1959) 22, S. 23—34; 23, S. 37—45.

[3] *Hendrix, H.*, Melliand Textilber. **42** (1961) S. 1275 bis 1279, **43** (1962) S. 156—164; S. 258—265.

[4] *Elöd, E.*, und *Vinh-Am*, Textil-Praxis **16** (1961) S. 718 bis 725; S. 797—802.

[5] *Petzold, H.*, Dissertation, TH Dresden 1959.

[6] *Jänsch, H.*, Diplomarbeit, TH Dresden 1960.

[7] *Kuriyama, S.*, und *Korematsu, M.*, J. Soc. Textile Cellulose Ind. Japan **16** (1960) S. 110—114.

[8] *Wünsch, E.*, und *Hoffrichter, S.*, Mitt. Inst. Textiltechnol. Chemiefasern Rudolstadt **3** (1963) S. 138—146.

[9] *Hirokuni, M.*, *Keizo, O.*, und *Toru, K.*, Chem. High Polymers, Japan **16** (1959) S. 621—626.

[10] *Zachmann, H. G.*, und *Stuart, H. A.*, Makromol. Chemie **41** (1960) S. 131—147.

[11] *Farrow, G.*, und *Ward, J. M.*, Polymer, London **1** (1960) S. 330—335.

[12] *Roth, W.*, und *Hannes, E.*, Faserforsch. u. Textiltechn. **13** (1962) S. 223—227.

[13] *Zachmann, H. G.*, Kolloid-Z. **189** (1963) S. 67—69.

[14] *Sheldon, R. P.*, Polymer, London **3** (1962) S. 27—34.

[15] Ausführliches Literaturverzeichnis s. Dissertation H. Grimm, TU Dresden, Math.-nat. Fakultät, Juni 1963.

Eingegangen am 8. Oktober 1963

Beitrag zur Untersuchungsmethodik von Strohflachs und Strohhanf

Klaus-Christoph Menzel
Deutsche Akademie der Wissenschaften zu Berlin, Institut für Technologie der Fasern in Dresden

DK 677.11:677.12:620.1

Die Prüfung der Faserpflanzen Flachs und Hanf bereitet erhebliche Schwierigkeiten, da Strohgütemerkmale und Faserwerte häufig nicht befriedigend übereinstimmen. Zur Sicherung der Ergebnisse ist die Bestimmung der Stengeldicke und der Stengelmasse mit heranzuziehen. Die anzuwendende Untersuchungsmethodik ist von der Aufgabenstellung der Probemasse, der Probenanzahl und dem Wachstumsverlauf abhängig. Es wird dargelegt, welche Methoden zur Untersuchung von Einzelpflanzen, Stämmen, Linien und zu Haupt- und Kontrollprüfungen anzuwenden sind.

К методике исследования льняной тресты и конопляной соломы

Испытание волокнистых растений — льна и конопли —, затруднено вследствие частого несоответствия между качественными показателями тресты (соломы) и выходом волокна. С целью получения правильных результатов необходимо проводить определение толщины и массы стеблей. Применяемая методика испытания зависит от цели исследования, числа и массы проб, а также от стадии развития растений. Рассматриваются методы, которые следует применять для испытания отдельных растений, штаммов, линий, а также для общих и контрольных испытаний.

Contribution to the Methods of Investigation of Straw Flax and Straw Hemp

The testing of the fibrous plants flax and hemp gives considerable difficulties because the straw qualities and fibre characteristics often are inconsistent. In order to obtain true values, the stalk thickness and stalk mass must be taken in consideration. The method of investigation depends on scope of test, mass and number of samples and crowing process of fibres. The methods which should be applied to investigate single plants, breeds and lines as well as in principal and control tests are indicated.

1 Allgemeines

1.1 Problematisches bei Gütemerkmalen von Faserpflanzen

Ausschlaggebend für die Bewertung von Faserpflanzen sind die Faserwerte. Sie können entweder durch verschiedene Aufbereitungs- und Untersuchungsmethoden direkt bestimmt oder anhand von Strohgütemerkmalen ermittelte werden. Hierbei treten folgende Schwierigkeiten bzw. Unregelmäßigkeiten auf:

a) Die Strohgütemerkmale und die Faserwerte stimmen nicht immer überein. Die Ursachen hierfür sind eingehend untersucht worden [1]. Diese Diskrepanzen treten sowohl bei geschätzten Merkmalen (Farbe) als auch bei meßbaren Daten auf. Als besonders wichtiges Strohgütemerkmal ist die Stengeldicke festgestellt worden [2].

b) Der Einfluß der Umweltbedingungen ist sehr groß und auch sehr unterschiedlich. Über die Beziehungen zwischen Sortenmerkmalen und Anbauwert liegen eingehende Untersuchungen vor [1, 2, 3].

c) Die Faserwerte bestehen aus zahlreichen Gütefaktoren, wie Gesamtfaserausbeute, Langfaserausbeute, Fasergleichmäßigkeit, Faserfestigkeit, Ausspinnbarkeit, Faserertrag u. a. m. Die Ausspinnbarkeit stellt bekanntlich ebenfalls ein Komplexmerkmal vieler einzelner Faktoren dar. Wenn auch Zusammenhänge zwischen verschiedenen Gütemerkmalen bestehen (Gesamtfaserausbeute und Hechelfaserausbeute, Langfaserausbeute und Langfaserertrag), so sind auch diese Beziehungen in ihrer Größenordnung stark wechselnd [4].

Unsere bisherigen Untersuchungen haben ergeben, daß, im Durchschnitt gesehen, ungefähr zu 60% Strohgütemerkmale mit den Faserwerten übereinstimmen. Bei je 20% liegen die Faserwerte entweder ungünstiger oder günstiger als die Strohgütemerkmale.

1.2 Methodisches

In der Praxis stehen zwei Aufgaben im Vordergrund: Strohbewertung für Aufkauf und Erfassung und Sortenprüfung.

Zur Feststellung der Strohqualität werden verschiedene Systeme angewendet [5]. Leider liegen noch recht wenig Unterlagen über den Zusammenhang zwischen Strohgütemerkmalen und Faserwerten vor. Für die Sortenprüfung hat sich das Sorauer Bewertungsschema bewährt. In letzter Zeit sind aber auch spezielle Methoden vorgeschlagen worden [6].

In methodischer Hinsicht liegen die Schwierigkeiten in der Ermittlung exakter Methoden zur Bestimmung der Faserwerte. Für die Bestimmung der Gesamtfaserausbeute sind zuverlässige Verfahren bekannt [4]. Der biologische Aufschluß, der im allgemeinen für die übrigen Faserwerte angewendet wird, birgt manche Fehlerquellen in sich. Soll jeder Prüfling optimal aufgeschlossen und aufbereitet werden, so bedeutet diese berechtigte Forderung einen hohen Arbeitsaufwand. Wir haben weiterhin feststellen müssen, daß die Röste von Kleinstproben trotz Einhaltung betrieblicher Bedingungen keinen normalen Röstverlauf aufweist. Vor allem treten Unterschiede in der Säurezahl der Röstflotte und in der Ausspinnbarkeit auf. Relative Unterschiede, auf die es ja vorwiegend ankommt, sind jedoch mit ziemlicher Sicherheit erfaßbar.

In den verschiedenen Bestimmungsmethoden werden auch verschiedene Faktoren erfaßt. Das *Bredemann*-Verfahren [7, 8] ist nur für kleine Proben geeignet und bringt hier gute Ergebnisse. Es bestehen jedoch häufig Differenzen zum biologischen Aufschluß. Die Ursache ist in dem verschieden hohen Gehalt und der unterschiedlichen chemischen Beschaffenheit der Cellulosebegleitsubstanzen zu suchen.

Das im Institut für Technologie der Fasern entwickelte Rindenprüfgerät ist für kleinste, kleine und mittelgroße Proben geeignet. Das für die Faserwerte wichtige Rinden-Holz-Verhältnis wird genau erfaßt. Fehlerquellen liegen jedoch darin, daß besonders bei feinen Stengeln der Fasergehalt in der Rinde unterschiedlich ist. Dies gilt auch vor allem für Faserlein und Öllein, die mit dieser Methode nicht direkt verglichen werden können.

Das Rindenprüfgerät kann auch für kleinere geröstete Proben eingesetzt werden, die auf diese Weise einwandfrei entholzt werden, wobei kein Faserverlust auftritt. Es wird jedoch nur der Gesamtfasergehalt erfaßt, der allerdings auf andere Faserwerte gewisse Schlüsse zuläßt.

Die biologische Röste ist die gebräuchlichste Methode. Sie führt zu relativ sicheren Ergebnissen. Vor allem in der Faserqualität treten jedoch Streuungen auf, da die Röste bei den Prüflingen verschiedenartig verläuft. Es ist in der Praxis nicht möglich, alle Prüflinge optimal auszurösten, da Zeitaufwand und Versuchsgeräte hierfür zu umfangreich sein müßten.

Eine weitgehende Ausschaltung der genannten Fehlerquellen ist möglich, wenn mehrere Verfahren zu einer Diagnose Verwendung finden. Aber auch hier sind durch den Arbeitsaufwand Grenzen gesetzt.

Wir sehen aber nur darin eine Möglichkeit, die Methoden je nach Aufgabenstellung zu variieren. Für die Wahl der Methode sind dann noch Probenmenge und Probenanzahl entscheidend.

An der Strohgütebewertung ist prinzipiell unserer Ansicht nach nichts mehr zu ändern. Man muß bemüht sein, die geschätzten Merkmale mehr und mehr durch meßbare zu ersetzen. Allgemeine Verbesserungen in der Methodik sind natürlich jederzeit möglich und auch notwendig.

Bei Haupt- und Kontrollprüfungen und Importprüfungen werden exakte Ergebnisse verlangt. Die Probenanzahl ist nicht allzu umfangreich, die Probenmasse reicht aus für biologischen Aufschluß und mechanische Aufbereitung. Der Anbau an verschiedenen Versuchsorten stellt Wiederholungen dar, an denen vor allem der unterschiedliche Einfluß der äußeren Faktoren auf die Sortenmerkmale geprüft werden kann.

Die Linienprüfungen entsprechen in Anzahl und Probenmenge den Haupt- und Kontrollprüfungen. Unserer Ansicht nach liegen aber Möglichkeiten zur Begrenzung der Untersuchungen vor, da es sich ja um die gleiche Sorte handelt.

Eine Besonderheit stellen die Prüfungen von Einzelpflanzen und Stämmen dar. Die Probenanzahl ist sehr erheblich, die Probenmenge meist sehr gering. Bestimmte Faktoren, wie z. B. die Ausspinnbarkeit, sind bei derartigen Proben sehr schwer zu erfassen. Da es sich jedoch häufig um eine Vorauslese handelt, kann auch hier der Umfang der Untersuchungen beschränkt werden.

2 Versuchsergebnisse

2.1 Beziehungen zwischen Stengelmasse und Stengeldicke

Bekannt sind die Beziehungen zwischen Stengeldicke und Faserwerten [8]. Die Stengeldicke hängt von der Bestandsdichte ab und steht in enger Beziehung zur Stengelmasse. Es ist zu prüfen, ob bei Untersuchungsmethoden die Stengeldicke oder die Stengelmasse oder beide Merkmale heranzuziehen sind. In Tabelle 1 sind Versuchsergebnisse zusammengefaßt. Das Untersuchungsmaterial stammt aus einem Versuchsjahr (Steutz 1960), in dem der Flachs einen normalen Wachstumsverlauf zeigte. Betrachtet man die Differenz in der Stengelmasse zwischen Maximum und Minimum und bezieht diese Differenz auf die durchschnittliche Fasermasse, dann ist gut zu sehen, wie bei sehr dünnen Stengeln die Differenz noch sehr hoch ist (30%). Sie sinkt über 21,1, 15,2 auf 7,6% bei einer Stengeldicke von 1,4 mm. Die Differenz bleibt bei Stengeldicke 1,5 und 1,6 mm mit 13,5 und 14,4% noch ziemlich konstant, um dann mit zunehmender Stengeldicke wieder auf rd. 28% anzusteigen.

Tabelle 1. Beziehungen zwischen Stengeldicke und Stengelmasse (1960, Steutz)

Stengeldicke [mm]	Stengelmasse [g] max.	min.	⌀	
1,0	0,263	0,184	0,240	fein
1,2	0,374	0,300	0,351	
1,3	0,451	0,388	0,414	
1,4	0,455	0,422	0,437	
1,5	0,600	0,523	0,571	mittel
1,6	0,711	0,615	0,667	
1,7	0,800	0,643	0,739	
1,8	0,921	0,693	0,797	
1,9	1,040	0,788	0,906	grob
2,0...2,2	1,170	0,960	1,052	

In Tabelle 2 sind entsprechende Proben aus dem Trockenjahre 1959 untersucht worden. Das Stroh aus der Flachsröste Steutz ist noch relativ gleichmäßig gewachsen. Die Trockenheit verursacht ein ungleichmäßiges Wachstum, das sich bei den vorliegenden Proben im Durchschnitt nicht zeigt. Man kann aber an den Differenzen zwischen höchster und niedrigster Stengelmasse die Ungleichmäßigkeit sehr gut erkennen. Sie beträgt prozentual von 1,0 mm bis zu 2,0 mm Stengeldicke 6,5, 25,4, 50,8, 21,3, 52,4, 34,1, 30,8, 5,5, 25,9%. Die prozentuale Differenz ist wesentlich höher und, wie erwähnt, unregelmäßiger als bei der normal gewachsenen Probe. Die dickeren Stengel weisen eine größere Gleichmäßigkeit auf. Typischer für die Beziehungen zwischen Stengeldicke und Stengelmasse in Trockenjahren ist die in Tabelle 3 dargestellte Probe des gleichen Jahres aus Vetschau.

Wenn auch der Zusammenhang zwischen Stengeldicke und Stengelmasse deutlich zu sehen ist, so zeigt es sich, wie stark er von den klimatischen Bedingungen abhängig ist. Wir haben früher in Gefäßversuchen die anatomischen Veränderungen im Flachsstengel durch Verringerung der Wasserzufuhr beschrieben [9].

Tabelle 2. Beziehungen zwischen Stengeldicke und Stengelmasse (1959, Steutz)

Stengeldicke [mm]	Stengelmasse [g] max.	min.	⌀	
1,0	0,280	0,265	0,273	fein
1,1	0,315	0,243	0,279	
1,2	0,415	0,250	0,325	
1,3	0,460	0,370	0,423	
1,4	0,560	0,325	0,449	
1,5	0,670	0,475	0,571	mittel
1,6	0,685	0,498	0,606	
1,7	0,685	0,648	0,670	
1,8	0,916	0,709	0,800	
1,9	0,930	0,720	0,827	grob
2,0	1,265	0,795	1,067	

Tabelle 3. Beziehungen zwischen Stengeldicke und Stengelmasse (1959, Vetschau)

Stengeldicke [mm]	Stengelmasse [g] max.	min.	∅	
1,1	0,345	0,295	0,323	fein
1,2	0,440	0,361	0,392	
1,3	0,630	0,427	0,500	
1,4	0,670	0,517	0,562	
1,5	0,830	0,628	0,698	mittel
1,6	0,900	0,728	0,846	
1,7	1,009	0,770	0,926	
1,8	1,010	0,948	0,979	
1,9	1,340	0,875	1,078	grob
2,0	1,516	1,110	1,306	
2,1	1,631	1,160	1,324	
2,2	1,653	1,260	1,458	

Auch bei der erwähnten Probe ist die prozentuale Differenz zwischen den Extremwerten hoch und unregelmäßig. Es zeigt sich weiterhin, daß die Stengelmasse bei gleicher Stengeldicke wesentlich höher liegt als bei einem normalen Wachstum. Da also die Beziehungen zwischen Stengeldicke und Stengelmasse nicht konstant sind, muß bei exakten Versuchen dieses Verhältnis wenigstens getestet werden.

2.2 Beziehungen zwischen Stengelmasse/Stengeldicke und Rindenanteil

Der Zusammenhang zwischen Stengelmasse/Stengeldicke und Rindenanteil ist bei der Probe unter normalen Wachstumsverhältnissen (Steutz 1960) der Tabelle 4 zu entnehmen. Bei den aufgeführten Proben muß berücksichtigt werden, daß die Unterschiede in der Stengeldicke sehr gering sind. Trotzdem kommt der Zusammenhang zwischen Stengeldicke—Rindengehalt und Stengelmasse—Rindengehalt fast ohne Streuung zum Ausdruck.

Im Trockenjahr 1959 verschieben sich diese Beziehungen etwas, wie aus Tabelle 5 hervorgeht. In der Praxis ist bekannt, daß in Trockenjahren die Faserausbeuten ungünstiger liegen als in Jahren mit normaler Witterung. Dies trifft aber nur dann zu, wenn ausgesprochen feine Stengel vorliegen. Stengel normaler Dicke weisen einen durchaus günstigen Rindengehalt auf. Der Faseranteil in der Rinde ist aber häufig etwas geringer. Anders verhält es sich bei sehr dünnen Stengeln, die ja in trockenen Jahren in hohem Maße anfallen. Dort ist zwar der Rindengehalt hoch, der Faseranteil in der Rinde jedoch völlig unbefriedigend. Alle diese Untersuchungen erfordern, daß Stengeldicke oder Stengelmasse bei Untersuchung von Einzelpflanzen oder von Stämmen in die Untersuchungsmethodik einbezogen werden müssen. Bei größeren Proben ist es notwendig, aus dem Rahmen herausragende Prüflinge in dieser Hinsicht zu untersuchen. Die Ergebnisse können dann nur unter Vorbehalt verallgemeinert werden. Es lohnt sich sicherlich zu untersuchen, ob die Beziehungen zwischen Stengeldicke und Stengelmasse auch als Sortenmerkmal zu werten sind. Hierzu müßten jedoch umfangreiche und zeitraubende Untersuchungen angestellt werden. Sie erscheinen uns aber durchaus lohnend.

Tabelle 4. Beziehungen zwischen Stengelmasse/Stengeldicke und Rindenanteil (1960, Steutz)

Rindengehalt [%]	Stengelmasse [g]	Stengeldicke [mm]
34,1	0,342	1,19
27,8	0,523	1,44
25,5	0,512	1,43
23,2	0,737	1,66
21,9	0,677	1,63
19,5	0,796	1,71

Tabelle 5. Beziehungen zwischen Stengelmasse/Stengeldicke und Rindenanteil (1959 Vetschau)

Rindengehalt [%]	Stengelmasse [g]	Stengeldicke [mm]
32,0	0,510	1,32
29,5	0,594	1,38
28,5	0,749	1,55
26,2	0,910	1,64
22,2	1,205	1,87
19,7	1,412	2,07

2.3 Untersuchungen von Einzelpflanzen und Stämmen

Bei der Untersuchung von Einzelpflanzen wird im allgemeinen von den Faserwerten nur die Gesamtfaserausbeute festgehalten und danach selektiert. Wir hatten 125 Einzelpflanzen (Hanf) zu untersuchen, die in den wichtigsten Merkmalen folgende Differenzen zeigten:

Stengellänge:	135...240 cm,
Stengeldicke:	5,7... 14,0 mm,
Gesamtfaserausbeute:	16 ... 33,3 %.

Der Schlankheitsgrad (Verhältnis Stengellänge: Stengeldicke) war bei diesen Proben sehr unterschiedlich. Das Problem bei der Auswertung liegt darin, daß ein Einfluß äußerer Faktoren auf die Gütemerkmale möglichst niedrig gehalten werden muß. Faßt man die Proben in vier Dickengruppen zusammen, so ist zunächst der Zusammenhang zwischen Stengeldicke und Ausbeute erkennbar:

Dickengruppe [mm]	Gesamtfaserausbeute [%]
bis 6,5	24,2
6,6...7,5	24,3
7,6...9,0	23,6
über 9,1	22,0

Wir glauben, eine richtigere Auswertung dadurch zu erhalten, daß wir den Durchschnitt der einzelnen Dickengruppen errechnen, um feststellen zu können, welche Prüflinge unter dem Gruppendurchschnitt, im Gruppendurchschnitt oder über dem Gruppendurchschnitt liegen. Diese Feststellung kann auch durch Ermittlung der Relativwerte in den einzelnen Gruppen erfolgen.

Wird eine Anzahl der besten Proben (die Größe der Zahl hängt von der Aufgabenstellung ab) ausgelesen und die gleiche Zahl Proben unter Berücksichtigung der Dickengruppen aufgestellt, dann kommt man je nach den Witterungsbedingungen zu einer mehr oder weniger unterschiedlichen Beurteilung. Im vorliegenden Falle liegt der Fehler bei 15%, bei größeren Dickenunterschieden haben wir Fehlentscheidungen bis zu

25% feststellen müssen. Die größten Unterschiede bei diesen beiden Bewertungsarten liegen bei feinen und groben Stengeln. In der Mittelregion besteht sehr häufig überhaupt kein Unterschied.

Sind aus einer großen Anzahl von Proben nur wenige Spitzenpflanzen auszuwählen, dann ist es nach bisherigen Ergebnissen nicht notwendig, in Dickengruppen einzuteilen. Genausowenig ist dann auch eine Bestimmung der Stengelmasse nötig. Das gleiche gilt, wenn aus einer hohen Anzahl von Prüflingen nur die schlechtesten Einzelpflanzen bzw. Stämme zu entfernen sind.

Die Selektion nach Stengellänge bringt wesentlich weniger Schwierigkeiten, so daß dort diese Problematik nicht oder kaum besteht.

Bei Stammprüfungen ist eine Dickenprüfung aller Stengel aus zeitlichen Gründen meist nicht möglich. Die erwähnten Fehler können aber dadurch weitgehend eingeschränkt werden, daß je nach Probenumfang nur die dicksten Stengel gemessen werden und nach ihnen die Stämme in Dickengruppen eingeteilt werden. Es kommen mitunter auch extrem dicke Stengel vor, die eine Probe ungünstiger gestalten. Solche Stengel sind zu entfernen. Es muß aber, um immer einheitlich zu arbeiten, dann eine Grenze festgelegt werden. Zu einer endgültigen Bewertungsmethode müssen aber noch weitere Erfahrungen gesammelt werden.

2.4 *Vorschläge zur Prüfmethodik von Faserpflanzen*

Einzelpflanzen Flachs und Hanf. Eine Dickenmessung des Einzelstengels (Mitte der technischen Länge) ist vor allem bei größeren Dickenschwankungen unbedingt notwendig. Zur Feststellung der Gesamtfaserausbeute kann das Rindenprüfgerät herangezogen werden. Dikkengruppen und deren Durchschnitt sind festzulegen. Die Eingruppierung erfolgt nach Relativwerten zum Gruppendurchschnitt.

Bei *Stämmen mit geringerer Pflanzenzahl* genügt die Messung einiger starker Pflanzen (ca. 10%).

Stämme und Linien, deren Probenumfang so groß ist, daß sie auf der Schwingturbine ausgeschwungen werden können, sollten auf Gesamtfaser- und Langfaserausbeute geprüft werden. Ist das nicht möglich, sollten sie nach dem oben erwähnten Schema für Einzelpflanzen untersucht werden.

Die *Haupt- und Kontrollprüfung und Importprüfung* erfordern eine biologische Aufbereitung und mechanische Ausarbeitung. Um Zeit einzusparen, ist es möglich, die Proben zu teilen. Der eine Teil wird zur Ermittlung der Langfaserausbeute und Ausspinnbarkeit geschwungen und handgehechelt, der andere über ein Wergveredlungssystem gegeben, um die Gesamtfaserausbeute zu erhalten.

Folgende Gütemerkmale sind festzulegen:

Gesamtfaserausbeute,
Schwingfaserausbeute,
(Hechelausbeute),
Hechelfaserausbeute,
Ausspinnbarkeit.

Da die Ertragszahlen festliegen, können Gesamtfaser-, Schwingfaser- und Hechelfaserertrag errechnet werden. Bei der Zusammenstellung der Werte sind die Ergebnisse der Versuchsorte in verschiedener Richtung auszuwerten. Hier liegen neben einer gewissen Problematik auch viele Möglichkeiten für weitere Schlußfolgerungen.

3 *Zusammenfassung*

a) Es wird dargestellt, daß die Prüfung von Faserpflanzen Flachs und Hanf besondere Schwierigkeiten bereiten.

b) Es empfiehlt sich aus zeitlichen Gründen nicht, eine *allgemein gültige* exakte Prüfmethodik festzulegen. Die Untersuchungsmethoden müssen begrenzt werden, wobei folgende Faktoren zu berücksichtigen sind: Frage- bzw. Aufgabenstellung, Probenmasse, Probenanzahl, Wachstumsverlauf.

c) Unter Berücksichtigung der unter b) aufgeführten Faktoren werden Vorschläge für Untersuchungsmethoden verschiedenartiger Prüflinge dargelegt.

d) Es ist noch weiter zu überprüfen, welche Fehler der biologischen und mechanischen Aufbereitung von Faserpflanzen anhaften, vor allem, wenn die Prüflinge unterschiedliche Strohgütemerkmale aufweisen.

Literatur

[1] *Menzel, K.-Chr.*, Über den Einfluß von Umweltbedingungen auf Strohgütemerkmale und Faserwerte. Faserforsch. u. Textiltechn. **10** (1959) S. 36–46.

[2] *Menzel, K.-Chr.*, Weitere Kenntnisse zur Anatomie der Flachspflanze als Grundlage für betriebs- und volkswirtschaftliche Fragen. Jb. Textilveredlung. Bd. 2, S. 46–62. Berlin: Verlag Technik 1954.

[3] *Menzel, K.-Chr.*, Bewertung von Faserpflanzen nach Standard TGL 7782. Mitt. Bastfaserind. **3** (1960) S. 241 bis 279.

[4] *Menzel, K.-Chr.*, Möglichkeiten zur raschen Bestimmung des Gesamtfasergehaltes der Flachspflanze. Faserforsch. u. Textiltechn. **12** (1961) S. 269–275.

[5] *Menzel, K.-Chr.*, Allgemeine Betrachtungen zur Bewertung von Flachsstroh. Mitt. Bastfaserind. **2** (1959) S. 78–85.

[6] *Searle, G. O.*, Flax Breeding for Yield and Quality of Fibre. Techn. Bull. Dutch Flax Inst. Wageningen **1** (1956) S. 6–17.

[7] *Bredemann, G.*, Die Bestimmung des Fasergehaltes in Bastfaserpflanzen bei züchterischen Untersuchungen. Faserforschung **2** (1922) S. 239–258.
Bredmann, G., Die Bestimmung des Fasergehaltes bei Massenuntersuchungen von Hanf, Flachs, Fasernesseln und anderen Bastfaserpflanzen. Faserforschung **16** (1962) S. 14–39.

[8] *Menzel, K.-Chr.*, Grundlegende Untersuchungen über den Zusammenhang zwischen Rindenanteil und Fasergehalt. Mitt. Bastfaserind. **4** (1961) S. 101–126.

[9] *Schober, E.-J.*, und *Menzel, K.-Chr.*, Der Einfluß der Wasserverhältnisse auf die Flachspflanze. Faserforsch. u. Textiltechn. **6** (1955) S. 479–489, S. 539–545.

Eingegangen am 7. September 1963

Neue Bücher

Methoden der organischen Chemie (Houben-Weyl). Vierte, völlig neu gestaltete Auflage. Herausgegeben von *Eugen Müller.* Bd. XIV; Makromolekulare Stoffe, Teil 1. Stuttgart: Georg Thieme 1961. LXIV, 1360 S., 65 Abb. und 177 Tab. Lex.-8°. Moleskin DM 287,—.

In der stark erweiterten vierten Auflage des „*Houben-Weyl*" enthält Band 14 die Herstellung und Umwandlung makromolekularer Stoffe sowie Hinweise zu ihrer Strukturermittlung. Auf Grund der Stoffülle wurde er in zwei Teile gegliedert. Im ersten Teil ist die Herstellung makromolekularer Stoffe durch Polymerisation von Vinyl- und Divinylverbindungen behandelt. Das vorliegende umfangreiche Material konnte nur durch Zusammenarbeit der Fachkräfte aus Universität und Industrie bewältigt werden. Der Schwerpunkt des Buches liegt wie der Schwerpunkt des ganzen Werkes auf den präparativen Methoden der makromolekularen Chemie. Die starke Mitarbeit der chemischen Industrie macht sich in der ausführlichen Erwähnung der Patentliteratur und den zahlreichen Beschreibungen industrieller Verfahren bemerkbar. Auf theoretische Probleme wird wenig eingegangen. Die Theorie der festen und flüssigen Phase wird nicht behandelt, die Kinetik ist verschiedentlich bei den einzelnen Monomeren zu finden.

Der Band beginnt mit Bemerkungen zur Nomenklatur und Terminologie makromolekularer Stoffe und gliedert sich dann in drei Kapitel. Im ersten Kapitel (108 Seiten) wird die Polymerisation in Substanz und Lösung von der Stabilisierung und Reinigung der Monomeren bis zur Isolierung, Reinigung und Stabilisierung der Polymeren behandelt. Außerdem enthält es allgemeine Angaben über die Charakterisierung der Polymerisate, die Copolymerisation und die Stereoisomerie der Polymeren. Im zweiten Kapitel „Allgemeines zur Polymerisation von Vinyl- und Divinylverbindungen in heterogener Phase" (427 Seiten) nehmen die Emulsionspolymerisation und die Latices ihrer Bedeutung entsprechend den größten Raum ein. Im dritten Kapitel (621 Seiten) schließen sich die speziellen Polymerisationsverfahren der wichtigsten Monomeren an. Behandelt werden vor allem Monoolefine und Divinylverbindungen, Styrol, Halogenolefine, Vinylester und Vinyläther, Acryl- und Methacrylsäure sowie ihre Derivate, α,β-ungesättigte Aldehyde und Ketone, Vinylsulfonsäure, Vinylheterocyclen und Allylverbindungen. Das Kapitel wird mit zwei Abschnitten über die Copolymerisation von Kohlenmonoxid und Schwefeldioxid abgeschlossen. Es folgen eine Bibliographie, die eine Auswahl neuerer Buchliteratur und Zeitschriften enthält, das Autorenregister (100 Seiten) und das Sachregister (55 Seiten).

Die Darstellung des Stoffes ist ausgezeichnet, sie gliedert das Material übersichtlich und ist gerade so ausführlich, daß der Text flüssig lesbar, aber nicht weitschweifig ist. Schließt man von einigen Gebieten auf das Ganze, so kann man sagen, daß die Fakten bis in die Einzelheiten vollständig sind und die Literatur im wesentlichen lückenlos bis 1959 (einschließlich der sowjetischen, aber ohne die japanische) und teilweise bis 1961 zitiert ist. Es werden sehr viele detaillierte Arbeitsvorschriften gegeben, aber auch ein Einarbeiten in theoretische Probleme ist möglich. Einige Hinweise seien für eine Neuauflage gestattet. Eine Erweiterung und Verbesserung des Sachverzeichnisses würde das Aufsuchen bestimmter Probleme beschleunigen. So sind z. B. die Begriffe Disproportionierung und Rekombination (Kombination) nicht im Sachregister enthalten, und unter dem Stichwort „Fraktionierung von Polymeren" finden sich lediglich die Hinweise auf die allgemeinen Ausführungen zur Fraktionierung und auf die Fraktionierung von Polyvinylpyrrolidon. Die begriffliche Klarheit läßt in der makromolekularen Chemie oft noch zu wünschen übrig. Deshalb sollte man sich hier besonders bemühen, eindeutig definierte Begriffe nur dort zu verwenden, wo sie richtig am Platze sind. Zum Beispiel ist die Formulierung „$\bar{P}$ proportional $[M]$" (S. 53) als allgemeiner Sachverhalt falsch, da keine lineare Beziehung besteht. Ebenso ist die Beziehung „Umwandlung zweiter Ordnung" nur zu gebrauchen, wenn bewiesen ist, daß die zweiten Ableitungen von G nach T und p unstetig und die dritten Ableitungen unendlich sind. Solche Mängel treten jedoch hinter der großen Gesamtleistung zurück. Sie ist um so höher zu bewerten, als hier für die makromolekulare Chemie zum ersten Male und in kaum zu übertreffender Vollständigkeit eine Zusammenstellung der experimentellen Ergebnisse erfolgte. Darin liegt der besondere Wert des Buches für den mit praktischen Aufgaben betrauten Chemiker. Aber auch der Theoretiker, der die ordnenden Zusammenhänge für diesen noch jungen Wissenschaftszweig sucht, wird hier das Material finden, das es noch zu sichten gilt. Der 14. Band des *Houben-Weyl* wird in Zukunft in keinem Laboratorium fehlen können, in dem man sich mit makromolekularen Stoffen beschäftigt. *P. Fritzsche*

Physical aids to the organic chemist. Von *M. St. C. Flett.* Amsterdam-New York: Elsevier Publishing Comp. 1962. 388 S. m. 109 Abb. u. 38 Tab. Lwd. 45 s.

Dieses Buch enthält folgende Kapitel: 1. Einführung (5 Seiten); 2. Chromatographische Trennung (30 S.); 3. Gas-Chromatographie (23 S.); 4. Zonenschmelze (15 S.); 5. Elektronenabsorptionsspektroskopie (66 S.); 6. Infrarotspektroskopie (76 S.); 7. Elektronenspinresonanz-Spektroskopie (34 S.); 8. Kernresonanz-Spektroskopie (54 S.); 9. Massenspektroskopie (43 S.); 10. Röntgenstrahlkristallographie (27 S.).

Der Autor ist bemüht, bei allen Kapiteln eine „theoretische" Einführung zu geben, die experimentelle Methodik aufzuzeigen und an Hand von einzelnen Beispielen Ergebnisse zu diskutieren. Am Schluß eines jeden Kapitels findet sich Literatur zum weiteren Studium des jeweiligen Gebietes.

Der Überblick über die Kapitel sowie deren Umfang lassen bereits erkennen, das es sich bei dem Buch lediglich um eine grobe Einführung in die einzelnen Methoden handeln kann. Der Autor betont in seinem Vorwort, daß er sich mit diesem Buch an Studenten und praktizierende Organische Chemiker wendet, die ihre Kenntnisse auf diesem Gebiet erweitern wollen.

Man kann dieses handliche Buch doch als recht gut gelungen bezeichnen, da es leicht in die beschriebenen Methoden einführt — ohne allen „Ballast", der in Spezialbüchern oftmals eine Einarbeitung erschwert — und gleichzeitig auch praktische Anwendungen beschreibt.

Die spektroskopischen Methoden stehen für den in der I.C.I.-Dyestuffs Division tätigen Verfasser verständlicherweise stark im Vordergrund. Besonders sei erwähnt, daß im Abschnitt „Infrarotspektroskopie" eine 24 Seiten lange Tabelle über Banden einzelner organischer Substanzen enthalten ist. Im zehnten Abschnitt über die „Röntgenstrahlkristallographie" macht sich die zu starke Umfangbegrenzung jedoch etwas störend bemerkbar, denn mit dem dort gebotenen Inhalt kann sich ein Neuling auf diesem Gebiet nur einen recht groben Eindruck verschaffen. Im großen und ganzen ist es eine recht schöne Zusammenfassung, die nicht nur jedem Organischen Chemiker empfohlen werden kann.

Ch. Ruscher

Physical Properties of Textile Fibres. Von *W. E. Morton* und *J. W. S. Hearle.* Manchester und London: Butterworth und Co. (Publishers) Ltd. und The Textile Institute 1962. XXI, 608 S. Lwd. 105 s.

Bereits in der Einleitung weisen die Autoren darauf hin, daß der vorliegende Band der erste einer Trilogie ist und nur die physikalischen Eigenschaften der textilen Fasern behandelt. In den beiden folgenden Bänden soll dann über Fäden sowie textile Flächengebilde berichtet werden. Das Buch ist für Textilstudenten an Universitäten und Hochschulen gedacht, und sein Studium setzt entsprechende Vorkenntnisse in Physik und Mathematik voraus. Es ist auf Grund eines echten Bedürfnisses entstanden, denn die Textilphysik hat sich in den letzten Jahren zu einem Sonderzweig der Physik entwickelt, und gerade die knappen und treffenden Formulierungen dieses Buches zeigen das besonders deutlich.

Das weite Gebiet der textil-physikalischen Eigenschaften der Fasern wurde von den Autoren in 6 Teile mit insgesamt 24 Kapiteln gegliedert, in denen die Faserstruktur, die

Faserabmessungen, die Feuchtigkeitsbeziehungen, die mechanischen Eigenschaften, die elektrischen Eigenschaften und schließlich andere Eigenschaften behandelt werden.

Im nur aus einem Kapitel bestehenden, etwa 60 Seiten umfassenden ersten Teil des Buches werden zunächst sehr kurz die Strukturbestimmungsmethoden, wie Infrarotabsorption, Röntgenstreuung und Elektronenmikroskopie besprochen. Es folgen die Molekularstruktur der verschiedenen Faserstoffe, die Feinstruktur und schließlich die Makrostruktur der Fasern.

Der zweite Teil von etwa 100 Seiten beginnt mit einem Kapitel über die Probenahme, deren ordnungsgemäße Durchführung eine Voraussetzung für die einwandfreie Bestimmung der Fasereigenschaften ist. Dabei wird auf unbetonte, längenbetonte und ausdehnungsbetonte Proben eingegangen. Näher erläutert werden besonders die Probenahme aus dem Querschnitt und aus der Fasermasse sowie das Querschneideverfahren. Das dritte Kapitel ist der Faserlänge, und hier besonders der Faserlängenverteilung und den Faserdiagrammen gewidmet, während im vierten Kapitel die Längenmeßverfahren — wie Einzelmeßverfahren, Kammstapelverfahren, das Sledge Sorter Verfahren nach *Balls*, die indirekten, photoelektrischen Verfahren und das Schneiden und Wägen — abgehandelt werden. Den Messungen des Faserdurchmessers, des Faserquerschnitts und der Faserfeinheit dient das fünfte Kapitel. Für die letztgenannte Eigenschaft werden nicht nur die gravimetrischen Verfahren, sondern auch die viel schneller einen Mittelwert liefernden Luftströmungsmethoden und die für Einzelfasern geeignete Vibroskop-Methode angegeben, sowie die Bestimmung der Reife von Baumwollfasern. Schließlich ist im Kapitel 6 das Prinzip der Dichtebestimmung nur kurz beschrieben, ohne daß auf die einzelnen Verfahren, ihre Genauigkeiten und ihre experimentellen Schwierigkeiten eingegangen wird.

Ebenfalls etwa 100 Seiten umfaßt der dritte Teil, in dem über die Feuchtigkeitsbeziehungen berichtet wird. Im Kapitel 7 sind nicht nur die Beziehungen zwischen dem Feuchtegehalt der Fasern und der relativen Luftfeuchte, sondern auch die Feuchtemeßmethoden enthalten, während im Kapitel 8 die Sorptionswärme, im Kapitel 9 die Absorptionsgeschwindigkeit behandelt werden. Die Bestimmungsmethoden des Wasserrückhaltevermögens und der Saugfähigkeit sind im Kapitel 10, die der Volumen-, Längs- und Querschnittsquellung in Wasser bzw. feuchter Luft im Kapitel 11 beschrieben. Der dritte Teil endet mit dem sehr ausführlichen Kapitel 12, das die Theorien der Feuchtesorption umfaßt.

Der vierte Teil über die mechanischen Eigenschaften stellt mit etwa 170 Seiten den umfangreichsten Abschnitt des Buches dar. Die allgemeinen Zugeigenschaften — wie Kraft-Längenänderungs-Kurve, Kraft, Reißdehnung, Arbeit, Anfangsmodul usw. —, die zu ihrer Feststellung geeigneten Geräte und die bei verschiedenen Faserstoffen gefundenen Ergebnisse werden im Kapitel 13 beschrieben, während der Veränderlichkeit dieser Eigenschaften über die Faserlänge bzw. von Faser zu Faser das folgende Kapitel 14 gewidmet ist. Die beiden weiteren Kapitel sind der elastischen Erholung sowie den Zeiteffekten — unter denen Kriechen, Relaxation und dynamische Prüfung zusammengefaßt sind — vorbehalten. Kapitel 17 gilt den Kräften in verschiedenen Richtungen, wie Biege-, Torsions-, Scher-, Kompressions-, Abriebs- und Scheuerkräften. Auch am Schluß des vierten Teiles sind die Theorien zusammengefaßt. Kapitel 18 enthält die Molekulartheorien, die Modellvorstellungen, das Superpositionsprinzip, eine Integraltheorie und die thermodynamischen Effekte.

Auf etwa 90 Seiten werden im fünften Teil die elektrischen Eigenschaften vergleichsweise ausführlich behandelt. In drei Kapiteln wird auf die dielektrischen Eigenschaften, den elektrischen Widerstand und die statische Elektrizität eingegangen. Dabei werden außer den Theorien auch die Meßverfahren und ihre Einflußgrößen beschrieben.

Die Kapitel 22 bis 24 dienen der Beschreibung der optischen, thermischen und Reibungseigenschaften und ihrer Meßmethoden. Sie bilden mit etwa 70 Seiten den sechsten Teil des Buches.

Ein Anhang enthält schließlich die Umrechnung von Einheiten, die verwendeten physikalischen Konstanten, sowie je ein Namen- und Sachverzeichnis.

Am Ende jedes der 24 Kapitel ist ein Literaturverzeichnis enthalten, wobei überwiegend englischsprachige Arbeiten zitiert sind. Das könnte zwar den Eindruck erwecken, als seien anderssprachige Arbeiten nicht bekannt, doch ist zu bedenken, daß dieses Buch in erster Linie für englische Studenten gedacht ist. Bei der Fülle des zu bewältigenden Stoffes wird es von diesen begrüßt werden, wenn zur Vertiefung der behandelten Materie genügend englische Literatur genannt und das Verständnis nicht zusätzlich durch Sprachschwierigkeiten beeinträchtigt wird.

Das Buch gibt einen guten Überblick über die an den englischen Textilstudenten gestellten Forderungen, die auf den meisten Spezialgebieten wohl über das in Deutschland geforderte Maß hinausgehen. Um sich mit dem Gesamtgebiet der modernen Textilphysik vertraut zu machen, sollte nicht nur der deutsche Student, sondern auch der schon in der Industrie oder Forschung tätige Wissenschaftler zu diesem Buch greifen. Die von jedem unnötigen Ballast freie Abfassung der einzelnen Kapitel wird jeder Leser sehr dankbar begrüßen. *F. Winkler*

Vegetable Fibres. Botany, Cultivation, and Utilization. By *R. H. Kirby.* London u. New York: Leonard Hill (Books), Ltd. u. Interscience Publishers, Inc. 1963. 462 Seiten, 54 Bildtafeln. 8°. Lwd. 84 s.

Das Werk gehört zu einer Buch-Reihe (world crops books), die über wichtigste Pflanzenprodukte der Erde orientiert, wozu auch die Pflanzenfasern zu rechnen sind. Baumwolle wurde ausgenommen, da über diese ausreichend Literatur existiert. Einleitend geht der Verf. kurz auf Vorkommen und Natur der pflanzlichen Fasern, deren Identifizierung, Prüfung, chemische Analysierung, Feinheit und kommerziellen Nutzen ein. In weiteren Kapiteln, werden Flachs, Hanf, Jute und verwandte Fasern aus der Familie der Tiliazeen, Kenaf und weitere Verwandte aus der Familie der Malvazeen, Ramie und andere Nesselfasern, Sunn und andere Fasern der Leguminosen, Sterculiaceen-Fasern, Sisal und andere Agavenfasern, Fasern der Amaryllidaceen, Liliaceen, Bromeliaceen (z. B. Ananas), Musaceen (z. B. Abaca), Palmen (z. B. Kokos), Bombaceen (z. B. Kapok) und Asclepiadaceen u. a. behandelt. Besonders wird auf Borstenmaterial und Papierfasern eingegangen. Die hinsichtlich Botanik, Anbau, Gewinnung und Nutzung zusammengetragenen Unterlagen sind straff und klar wiedergegeben und in vielen Fällen sehr aufschlußreich, nicht zuletzt auch die wirtschaftlichen Betrachtungen über wichtige Anbauländer. Bildtafeln veranschaulichen mehr oder weniger deutlich die Pflanzen und deren Gewinnung. Die Zusammenstellung erfolgte vorwiegend aus der Sicht englischer Literatur, was ausdrücklich betont wird. Es kann eingeschätzt werden, daß das Buch seine orientierende Aufgabe voll erfüllt und dem Textilfachmann der Bastfaserindustrie wertvolle Unterlagen über sein Rohmaterial erschließt. *W. Bobeth*

Wool-Handbook, Vol. 1. Herausgegeben von *Werner von Bergen.* 3. erw. Aufl. New York u. London: John Wiley u. Sons 1963. 800 S., 243 Abb. 8° Lwd. 165 s.

Zusammen mit zahlreichen, vorwiegend amerikanischen Wollexperten hat *von Bergen* das bisherige American Wool Handbook neu überarbeitet und in zwei Bänden herausgegeben. Der vorliegende Band umfaßt 10 Kapitel über Geschichte und Wirtschaft der Wollindustrie, Schaf-Zucht und -Haltung, Morphologie und physikalische Eigenschaften der Wolle (72 Seiten), Molekularstruktur und chemische Eigenschaften der Wolle (103 Seiten), sonstige Tierhaare (insbesondere die Gruppe der Kamel- und Ziegenhaare) (135 Seiten), Reißwolle (einschl. Kurzbeschreibung über Herstellung bzw. Gewinnung wichtiger sonstiger nichtsynthetischer Faserstoffe) (50 Seiten), Wollmischgarne mit Chemiefaserstoffen (einschl. Kurzbeschreibung über Herstellung und Eigenschaften synthetischer Faserstoffe) (43 Seiten), Sortierung und Produktion der Wolle, Wollhandel, physikalische und chemische Prüfung der Wolle (90 Seiten). Als *Handbuch* erfüllt das Werk seinen Zweck, eine möglichst umfassende und moderne Übersicht über wichtige Gebiete des Wollsektors zu geben, wobei es bei der Vielzahl von Autoren zweifellos schwierig war, für die einzelnen Kapitel den zweckmäßigsten Umfang festzulegen sowie diese aufeinander abzustimmen. Bezüglich der Literatur wird in erster

Linie auf amerikanisch/englische Arbeiten zurückgegriffen, wie überhaupt das Handbuch auf den amerikanischen Leser zugeschnitten ist. Das Kapitel über Ziegen- und Kamelhaare ist verhältnismäßig umfangreich und gut bebildert. Dem Inhaltsverzeichnis ist zu entnehmen, daß die 17 Kapitel des zweiten Bandes sich mit der Wollverarbeitung befassen.

W. Bobeth

Manual of Cotton Spinning. Volume II, Part II: *Opening and Cleaning*. Von *W. A. Hunter* und *C. Shrigley*. Manchester u. London: The Textile Institute u. Butterworths, 1963. X, 174 S., 117 Bilder. Lwd. 60 s.

Zuerst wird ein Überblick über die historische Entwicklung der Öffnung und Reinigung der Baumwolle gegeben. Daran schließt sich ein Abschnitt an, in dem die jetzt angewendeten Methoden und Maschinen beschrieben werden.

Ein weiteres Kapitel behandelt neuere Maschinenentwicklungen. Dann folgen Betrachtungen über Öffnungs- und Reinigungs-Maschinenzüge. Mit Darlegungen über die Prinzipien der Öffnung und Reinigung und über die Wickelkontrolle findet dieser Band seinen Abschluß.

In diesem Band werden die Verfahren und Maschinen der Baumwollöffnung und -reinigung ausführlich behandelt, wobei der größere Teil der Ausführungen den herkömmlichen Verfahren gewidmet ist und die neueren Verfahren nur kurz behandelt werden. Die neuesten Entwicklungen, z. B. Flocomat, Aerofeed, C.A.S.-System, Nitto-System usw., finden noch keine Berücksichtigung.

Das für das Buch verwendete Papier ist außergewöhnlich gut, die schematischen Zeichnungen sind klar und übersichtlich. Die Wiedergabe der Fotografien könnte teilweise etwas klarer sein. Bei der Verwendung von schematischen Darstellungen wird eine konsequente Bezeichnung vermißt. Einmal erfolgt sie durch Worte, zum anderen durch Buchstaben, dann wieder durch Buchstaben mit Zahlen und manchmal fehlt sie vollkommen. Nicht immer wird im Text auf diese Bezeichnungen hingewiesen.

Die Darstellungen sind elementar abgefaßt. Berechnungen sind fast keine enthalten. Analytische technologische Betrachtungen sind ebenfalls nicht vorhanden. Das Buch ist für die Erarbeitung des Elementarwissens über die Baumwollöffnung und -reinigung geeignet. *H. Perner*

Einfluß verschiedener relativer Luftfeuchtigkeiten und Temperaturen auf die Laufverhältnisse, auf die Gleichmäßigkeit und auf die dynamometrischen Eigenschaften der gefertigten Garne. Von *Walther Wegener* und *Günter Schubert*. Forschungsberichte des Landes Nordrhein-Westfalen. Nr. 1283. Köln und Opladen: Westdeutscher Verlag 1963. 42 S. 8° Kart. DM 23,50.

Im Bestreben, optimale Laufverhältnisse in Kammgarnspinnereien zu erhalten, muß der relativen Luftfeuchtigkeit und der Temperatur besondere Beachtung geschenkt werden. Anliegen vorliegenden Forschungsberichtes war es, diesen Einflußgrößen an Hand einer reinen Wollmischung und einer Mischung aus Wolle und Trevira nachzugehen. Der Einfluß unterschiedlicher relativer Luftfeuchtigkeiten und Temperaturen wurde mittels Fadenbruchzahlen auf einer Perfect-Ringspinnmaschine, durch die Garnungleichmäßigkeit an Hand der Längenvariationskurven CB(L) auf kapazitivem, gravimetrischem und auch photoelektrischem Wege sowie in seiner Wirkung auf Festigkeit und Dehnung der Garne untersucht. Es ist den Verfassern möglich, Aussagen über optimale Klimawerte für die beiden untersuchten Fälle zu machen. Aus der klaren und übersichtlichen Arbeit läßt sich erneut folgern, wie wichtig für moderne Spinnereien und synthetische Faserstoffe die betrieblichen Klimawerte sind.

W. Bobeth

Einfluß der Webstuhleinstellung auf den Ausfall, insbesondere die Krumpfung von Halbleinen- und Baumwollgeweben. Von *Waldemar Rohs* und *Hugo Griese*. Forschungsberichte des Landes Nordrhein-Westfalen. Nr. 1320. Köln und Opladen: Westdeutscher Verlag 1963. 27 S., 6 Tafeln. Brosch. DM 11,70

Die Einflüsse verschiedener Einstellparameter einer Webmaschine auf die Gewebeeigenschaften bei konstanten sonstigen Bedingungen wurden untersucht. Die Einstellgrößen Fachumtritt, Fachhöhe, Streichbaumlage und Streichbaumbewegung wurden verändert und die Auswirkung auf Gewebebild, Gewebebreite, Gewebedichte, Einarbeitung und Krumpfung festgestellt. Die Ergebnisse werden in Tabellenform dargestellt. Am Ende befindet sich eine Tafel, die alle Ergebnisse noch einmal in übersichtlicher Form enthält.

H. Perner

Textilverbundstoffe. Von *Radko Krčma* und Kollektiv. Übersetzung aus dem Tschechischen. Leipzig: Fachbuchverlag 1963. 260 S. m. 120 Bild. 8° Halblwd. DM 18,20.

Im Zeichen der Steigerung der Arbeitsproduktivität und Senkung der Selbstkosten sowie Schaffung neuartiger Textilien kommt dem vorliegenden Werk eine besondere Bedeutung zu, zumal es bis heute über Textilverbundstoffe noch keine zusammenfassende Arbeit in der deutschen Fachliteratur gibt. Die Zusammenstellung besorgten etwa 12 Spezialisten der ČSSR, wobei bezüglich der Terminologie Übereinstimmung mit DDR-Vorschlägen festzustellen ist. Im einzelnen befaßt sich das Werk zunächst mit Gliederungsprinzipien und Begriffsbestimmungen und geht auch begrüßenswerter Weise auf ökonomische Fragen und Kostenvergleiche ein. Nach Besprechung der wichtigsten Faserstoffarten werden eingehend die zahlreichen Möglichkeiten und Probleme der Vliesbildung behandelt. In gleicher Ausführlichkeit werden sodann die möglichen Bindemittel besprochen.

Auf die Herstellungsverfahren für textile Verbundstoffe wird nach folgender Ordnung eingegangen: Mechanisch gebundene Textilverbundstoffe (Skelett-Vliesstoffe, Nadelvliesstoffe, Arachne, AČV-S, Maliwatt, Malimo, Malipol u. a.), adhäsiv gebundene Vliesstoffe (Tetex, Vatex, Chemoral u. a.), adhäsiv gebundene Fadenverbundstoffe (Uvutan u. a.), kombinierte Textilverbundstoffe (Florteppich, Neko, Astrachan-Imitation, Chemotex u. a.). Das Werk schließt mit einer Übersicht über die Einsatzgebiete von Textilverbundstoffen und 177 Literaturzitaten ab. Der Leser ist beeindruckt von der Breite der Entwicklung neuartiger Textilverbundstoffe in der ČSSR, wobei aber auch die Entwicklungen anderer sozialistischer und kapitalistischer Länder nicht zu kurz kommen. Alles in allem ein sehr interessantes und vor allem anregendes Buch, an dem instruktive Skizzen, Bilder und klare Darstellungsweise besonders hervorzuheben sind. *W. Bobeth*

Preparation and Dyeing of Synthetic Fibres. Von *H. U. Schmidlin*. London: Chapman & Hall Ltd. 1963. IX, 462 S. 8°. Lwd. 65 s.

Das vorliegende Werk ist die englische Übersetzung des im Jahre 1958 in der Schweiz erschienen Originals „Vorbehandlung und Färben von synthetischen Faserstoffen"[1]. Die deutsche Erstausgabe war damals ein großer Erfolg, denn der Verfasser verstand es auf Grund seiner guten Fachkenntnisse ausgezeichnet, den Veredler mit den Praxisproblemen der Vorbehandlung und Färberei von Synthesefasern vertraut zu machen. Es spricht für die Qualität dieses Buches, daß sich der bekannte Londoner Verlag Chapman & Hall zur Herausgabe einer englischen Übersetzung entschlossen hat. Leider trat durch den Tod von Dr. *W. Meitner*, einem der beiden Übersetzer, eine gewisse Verzögerung ein.

Seit der Herausgabe der deutschen Originalausgabe sind 5 Jahre verflossen. In diesem Zeitraum ist nicht nur die Entwicklung auf den Gebieten der Faser- und Farbstoffherstellung stürmisch weitergegangen, auch die Vorbehandlung und Färberei von synthetischen Fasern haben sich z. T. beträchtlich verändert und den neuen technischen Möglichkeiten angepaßt. Der Verfasser hat deshalb verschiedene Kapitel neu geschrieben (z. B. The effect of carbonisation on synthetic fibres, High-temperature piece-dyeing apparatus, Continuous processes for dyeing polyester fibres, Dyeing Kodel, Metallised yarn usw.) oder ergänzt und andere auf den modernsten Stand gebracht. Obwohl der Titel des Buches nur von synthetischen Faserstoffen spricht, schließt dieses auch die Cellulose-, Acetat- und Triacetatfasern ein. Die ursprüngliche Gliederung wurde beibehalten: Allgemeiner Teil, die Vorbehandlung synthetischer Faserstoffe, das Färben synthetischer Faserstoffe, das Färben von Mischartikeln und Anhang. Am Anfang sowie am Schluß des Buches findet der Leser ausführliche Verzeichnisse über Farbstoff-

[1]) s. d. Zschr **11** (1960) 3, S. 147.

und Faserhersteller, über Farbstoffe, Textilhilfsmittel und Faser-Handelsnamen sowie ein Sachregister. Literaturhinweise sind jeweils am Ende der Hauptkapitel angegeben.

Dem Rezensenten seien aber auch einige kritische Worte gestattet. Vergleicht man die englische Übersetzung mit dem deutschen Original, so stellt man fest, daß erstere deutlich weniger übersichtlich geordnet ist. Vor allem sollten bei Rezepturen die einzelnen Komponenten untereinander — nicht hintereinander — gedruckt werden. Ein stärkeres Hervorheben der Überschriften von Unterkapiteln wäre wünschenswert und würde die Orientierung erleichtern. Gewisse Zeichnungen wurden entgegen ihrer Bedeutung ohne ersichtlichen Grund vergrößert oder verkleinert. Auch haben sich in den Literaturverzeichnissen, bei der Übersetzung und im Register verschiedentlich Fehler eingeschlichen.

Doch das sind kleine Mängel. Man kann wohl sagen, daß dieses Werk das z. Z. modernste und vollständigste Fachbuch über das Gebiet der Veredlung von synthetischen Faserstoffen darstellt und sicher viele Freunde, besonders im angelsächsischen Raume, finden wird.

G. Hirsch

pH-Fibel. Von *K. Schwabe.* 4. verb. u. erw. Auflage. Leipzig: Dt. Verlag zur Grundstoff-Industrie 1962. 72 S. Plastikeinband DM 4,50.

Im ersten Teil des vorliegenden Heftes wird in einfacher und übersichtlicher Weise der Begriff des pH-Wertes erläutert, kurz auf die Zusammenhänge zwischen pH-Wert und Dissoziationskonstante von Säuren bzw. Basen eingegangen und auf die Bedeutung von Pufferlösungen bei der praktischen pH-Wert-Messung hingewiesen.

Im zweiten Teil werden verschiedene Methoden zur pH-Wert-Messung im Prinzip beschrieben und Berechnungsformeln angegeben. Ein letzter kurzer Abschnitt vermittelt einen Eindruck über die Bedeutung des pH-Wertes und die vielfältige Anwendbarkeit der pH-Wert-Messung in Forschung und Industrie.

Allen jenen, die sich kurz und in leicht verständlicher Form über Begriff und Bedeutung des pH-Wertes sowie über seine Messung informieren wollen, kann diese pH-Fibel empfohlen werden. Durch die im Anhang angeführten Tabellen und Nomogramme wird das Büchlein außerdem zu einer wertvollen Hilfe an allen Stellen in Labor und Betrieb, an denen praktisch pH-Messungen durchzuführen sind.

H. Dautzenberg

Impact Phenomena in Textiles (Das Schnell-Zerreiß-Verhalten von Textilien). Von *W. James Lyons.* Cambridge, Massachusetts: Massachusetts Institute of Technology Press 1963. XI, 180 S., 8°. Lwd. 5,00 $ (45 s).

Die Arbeit ist ein Forschungsbericht des Textile Research Institute in Zusammenarbeit mit verschiedenen Forschungsstellen der U. S. Army und ist auch als solcher gedruckt.

Nach einem Überblick über die bisherigen Arbeiten auf dem Gebiet der Schnell-Zerreiß-Prüfung, das vorherrschend von amerikanischen Forschern bearbeitet wurde, folgt eine kurze Erläuterung der mechanischen Eigenschaften der textilen Materialien und der bei der Prüfung von Textilien auftretenden Begriffe. Dann werden eingehend die einzelnen Methoden der Schnell-Zerreiß-Prüfung (Pendelschlagmethode Fall-Gewichts-Methode, Schlagscheibenmethode, ballistische Methode, Methode mit pneumatisch und hydraulisch arbeitenden Prüfgeräten) mit den bisher verwendeten Prüfapparaturen beschrieben.

Nach der Behandlung der Theorie der Stoß-Prozesse wird sehr kurz auf die Ergebnisse von Wechsel-Zug-Prüfungen eingegangen, da diese beiden dynamischen Prüfarten in engem Zusammenhang stehen. Leider sind in der zitierten Literatur die deutschen Arbeiten etwas zu kurz gekommen. So fehlen z. B. die neueren Arbeiten von *Hoffmann* und *Meumann* über die Wechsel-Zug-Prüfung. Im fünften Kapitel der vorliegenden Arbeit wurde mit Resonanzfrequenzen gearbeitet, die vermutlich nach wenigen Lastwechseln erreicht worden sind; auf Grund der Arbeiten von *Hoffmann* und *Meumann* und eigener Untersuchungen muß darauf hingewiesen werden, daß sämtliche Kenngrößen der dynamischen Prüfung von der Lastwechselzahl stark abhängen können.

Das nächste Kapitel beschäftigt sich mit den mechanischen Eigenschaften von Fäden und Geweben unter Stoß-Belastung. In der Zusammenfassung wird noch einmal hervorgehoben, daß z. B. bei Sicherheitsgurten die permanente Energieaufnahme der ausschlaggebende Faktor ist und daß das Stoß-Verhalten eines Seiles nicht aus dem Stoß-Verhalten des Garnes abgeleitet werden kann.

Diese Arbeit gibt einen sehr guten Einblick in die entsprechenden Forschungsarbeiten des Textile Research Institute der letzten Jahre, und sie ist eine gute Zusammenfassung der in den letzten Jahren veröffentlichten Arbeiten über die Schnell-Zerreiß-Prüfung.

A. Bauer

Textile Chemistry, Vol. I: The Chemistry of Fibers. Von *R. H. Peters.* Amsterdam-London-New York: Elsevier Publishing Company 1963. XIII, 477 S. Lwd. Dfl 37,50/ 75 s/DM 42,—.

In einem Vorwort gibt der Verfasser eine ausgezeichnete Charakteristik des Inhaltes seines Buches. Er schreibt dort: „In diesem Buch wird der Versuch unternommen, den wissenschaftlichen Inhalt des Gebietes zu veranschaulichen; der technologischen Seite wird dabei keine Aufmerksamkeit gewidmet. Das Buch erhebt keinen Anspruch darauf, eine Abhandlung über den neuesten Stand des Wissens zu sein, es ist eher dazu bestimmt, Studierende mit einiger Kenntnis der Chemie und Physik in ein Gebiet einzuführen, das faszinierend ist und das sich mit geradezu erstaunlicher Geschwindigkeit entwickelte".

Die Lektüre des Buches bestätigt, daß dem Autor dieses Vorhaben gelungen ist. Die außerordentlich geschickte Beschränkung auf die wesentlichen Grundlagen der Faserstoffchemie gibt diesem Band seinen besonderen Reiz, und es ist interessant festzustellen, daß darunter die Vollständigkeit im allgemeinen kaum leidet, auch wenn zweifellos wichtige Einzelheiten der Chemie und physikalischen Chemie textiler Faserstoffe fortgelassen oder nur am Rande erwähnt sind Seiner selbstgewählten Beschränkung entsprechend ist dieser erste Band eines dreibändigen Werkes eine ausgezeichnete Einführung für alle, die mit diesem Gebiet in Berührung kommen oder sich in Wissenschaft und Technik damit beschäftigen.

Die einzelnen Kapitel des Buches beschreiben

Kondensations-Polymere,
Additions-Polymere,
Copolymere,
Molekulargewichtsbestimmung,
Baumwolle und Flachs,
Chemie der Cellulose,
Aminosäuren und Proteine,
Synthetische Polypeptide,
Wolle,
Naturseide,
Kristalline Struktur der Polymeren,
Schmelzen und Kristallisation,
Feinstruktur,
Herstellung von (Chemie-)Fasern.

Diese kurze Inhaltsangabe des ersten Bandes läßt erkennen, was der Autor ebenfalls im Vorwort ankündigt: Er beschäftigt sich fast ausschließlich mit den speziellen Erscheinungen der makromolekularen Chemie und Physik faserbildender Polymerer, da dies die wissenschaftliche Grundlage der Materialien darstellt, mit denen ein „textile man" arbeiten muß. Am Rande sei an dieser Stelle erwähnt, daß der zweite Band „The Chemistry of Scouring, Bleaching and Surface-Active Agents" und der dritte Band „The Chemistry of Dyeing and Finishing Agents" behandeln wird.

Das vorliegende Buch ist aber nicht allein eine Einführung in die „Chemie der Fasern", sondern mehr als das, nämlich eine ausgezeichnete Übersicht über die wissenschaftlichen Grundlagen der faserbildenden Polymeren.

Wenngleich der Autor bemerkt, daß „the book does not purport to be an up-to-date treatise", scheint an einigen Stellen (z. B. Acrylnitril-Synthese, Caprolactam-Synthese, Mechanismus der Fadenformierung, Mechanismus des Kaltstreckens) doch der Hinweis erlaubt, daß hier die Berücksichtigung wenigstens einiger neuerer Arbeiten zweckmäßig gewesen wäre, zumal einige dieser Abschnitte relativ ausführlich behandelt werden. Obwohl sich der Referent darüber im klaren ist, daß derartige Bemerkungen zu jedem

Tagungen

Der Textiltechnische und Wissenschaftliche Verein Ungarns veranstaltet vom 9. bis 13. Juni 1964 in Budapest eine Tagung

Entwicklungsrichtlinien in der Textilindustrie,

an der Vortragende aus etwa 15 Ländern teilnehmen. Die Tagung wird in folgenden Sektionen abgehalten:

Sektion für Textilmechanik,
Sektion für Textilchemie,
Sektion für die Konfektionsindustrie.

Nähere Auskünfte erteilt

Textiltechnischer und Wissenschaftlicher Verein Ungarns
Budapest V, Szabadság Tér 17

Für Anfang Juni 1965 ist in Luzern die Internationale Farbtagung 1965 mit dem Thema

Die Farbe aus wissenschaftlicher und praktischer Sicht

geplant. Der Vorsitz des Aktionsausschusses liegt in den Händen von Prof. *Y. Le Grand* (Paris) und Dr. *E. Ganz* (Basel). Auskünfte erteilt das Sekretariat unter der Anschrift: Prof. Dr. *M. Richter*, 1 Berlin 45, Unter den Eichen 87.

Am 12. und 13. März 1964 wird in Berlin vom Deutschen Verband für Materialprüfung (DVM) gemeinsam mit der Deutschen Arbeitsgemeinschaft für Statistische Qualitätskontrolle (ASQ) das Kolloquium

Planen und Auswerten von Versuchen

durchgeführt. Auskünfte erteilt die Geschäftsstelle des DVM, 46 Dortmund-Aplerbeck, Marsbruchstr. 186

Neue Bücher (Fortsetzung)

Buche gemacht werden können, das auf knapp 500 Seiten ein solch umfangreiches Gebiet abhandelt, erscheint an den oben erwähnten und an einigen wenigen anderen Stellen die Einseitigkeit zu weit getrieben zu sein. Dieser Hinweis besagt jedoch nichts gegen den Wert des Buches, das jedem empfohlen werden kann, der sich in die Faserstoffchemie einarbeiten will. Nach dem Vorliegen des ersten Bandes dürften die beiden anderen Bände mit einiger Spannung erwartet werden. *H. Klare*

Infra-red spectroscopy and molecular structure. Hgg. von *M. Davies.* Amsterdam-London-New York: Elsevier Publishing Company 1963. XIII, 468 S. m. 171 Abb. u. 70 Tab. Lwd. 75 s.

Das Buch enthält 13 Kapitel von 13 verschiedenen Autoren. Es war die Absicht des Herausgebers, damit eine systematische Einführung in die Grundprinzipien der Ultrarotspektroskopie vorzulegen. Es wurde keine alles umfassende Enzyklopädie geschrieben, jeder Autor berichtet nur über die wesentlichen Ergebnisse seines Spezialgebietes. Diese Gebiete sind jedoch so gewählt, daß alle wichtigen Richtungen der UR-Spektroskopie erfaßt werden.

Jedes Kapitel ist eine in sich geschlossene Einheit. Überschneidungen konnten nahezu vollständig vermieden werden. Trotz des geringen Raumes, der dem einzelnen Autor zur Verfügung stand, wird jedes Kapitel dem Ziel gerecht, eine Einführung zu sein, wobei die neuesten Fortschritte gebührend berücksichtigt werden.

Im Kapitel I gibt *M. Dawies* einen Überblick über das Ultrarotspektralgebiet. Im Kapitel II — Geräte und allgemeine experimentelle Methoden — beschreibt *A. E. Martin* die Entwicklung der UR-Spektrometer und ihrer Bestandteile aus historischer Sicht. Dieses Kapitel enthält auch Abschnitte über Zubehör und Probenvorbereitung. Das Kapitel III von *G. R. Wilkinson* befaßt sich mit Methoden und Geräten der UR-Spektroskopie bei niedrigen Frequenzen, wobei der Übergang zur Mikrowellenspektroskopie berücksichtigt wird. Das von *W. J. Jones* geschriebene Kapitel IV — Ultrarotspektren von einfachen Molekülen — enthält die theoretischen Grundlagen einer Schwingungsanalyse. Im Kapitel V — Berechnung der Kraftkosononanten für kleine Moleküle — werden diese Betrachtungen von *I. M. Mills* fortgesetzt. Kapitel VI — Raman-Spektroskopie — von *J. C. Evans* enthält Theorie, Praxis und Anwendungen dieser die UR-Spektroskopie ergänzenden Methode. Im Kapitel VII — Charakteristische Eigenschaften der Spektren organischer Moleküle — berichtet *D. Hadži* über die Bedeutung der charakteristischen Frequenzen für Strukturbestimmungen. *S. Krimm* verfaßte Kapitel VIII — Ultrarotspektren von Festkörpern: Dichroismus und Polymere —. Hier werden vor allem die Zusammenhänge zwischen Ordnungszustand und Ultrarotspektrum beschrieben. Das Kapitel IX — Anorganische Anwendungen der Ultrarotspektroskopie — erhält seinen besonderen Wert durch die Tabellen charakteristischer Frequenzen, weil die anorganischen Verbindungen in den Büchern über UR-Spektroskopie oft vernachlässigt werden (*E. A. V. Ebsworth*). Im Kapitel X befaßt sich *J. Overend* mit den Problemen einer quantitativen Intensitätsmessung von Ultrarotbanden. Kapitel XI — Methoden und Ergebnisse von Dispersionsuntersuchungen — enthält die Grundlagen der UR-spektroskopischen Untersuchung im reflektierten Licht (*J. Fahrenfort*). Das Kapitel XII — Wasserstoffbindung und Lösungsmitteleffekte — wurde von *H. E. Hallam* sehr anschaulich verfaßt, ohne dadurch an Exaktheit einzubüßen. Im abschließenden Kapitel XIII berichtet *W. C. Price* über ultrarote Emissionsspektren, die für die Untersuchung angeregter Zustände von Bedeutung sind.

Das Anwendungsgebiet der Ultrarotspektroskopie ist in den letzten zwei Jahrzehnten zu umfangreich geworden, um von einem Einzelnen vollständig überblickt zu werden. Trotzdem ist es für den auf einem Teilgebiet, z. B. den Hochpolymeren, Tätigen häufig erforderlich, sich mit den anderen Bereichen zu befassen. Dabei kann das vorliegende Buch eine wertvolle Hilfe sein. Jedem Kapitel ist ein Literaturverzeichnis angefügt, über das der Interessierte weitere Einzelheiten erfahren kann. Außerdem erleichtert ein umfangreiches Namen- und Sachverzeichnis die Orientierung. Dieses Buch ist deshalb nicht nur als Einführung für den Anfänger, sondern auch als Nachschlagewerk sehr nützlich. Die vorzügliche Ausstattung und die zahlreichen klaren Abbildungen verdienen besondere Erwähnung. *J. Dechant*

The Dyeing of Cellulosic Fibres and Related Processes. Von *S. R. Cockett* und *K. A. Hilton.* London: Leonard Hill Ltd. 1961. XIII, 417 S. Lwd. 15 s.

Das vorliegende Buch bringt in sehr gedrängter Form in zuverlässiger und klarer Darstellung alle erforderlichen Angaben über die Vorbehandlung, Licht, Farbe und Konstitution, Farbstoffe für die Cellulosefasern, theoretische Betrachtungen über das Färben, die Anwendung der direkt und indirekt anzuwendenden substantiven Farbstoffe, die Anwendung der wasserunlöslichen Farbstoffe (Küpenfarbstoffe, Küpenfarbstoffester, Schwefelfarbstoffe), die Anwendung der auf der Faser zu erzeugenden Farbstoffe (Oxydationsfarbstoffe, unlösliche Azofarbstoffe, Mineralfarbstoffe), Anwendung der Pigmentfarbstoffe.

Ein weiteres Kapitel ist den Färbemaschinen gewidmet. Dieses Kapitel wird besonders anschaulich durch sehr gute Schemazeichnungen und photographische Abbildungen der wichtigsten Färbemaschinen-Typen. Das Buch schließt mit einem Abschnitt über Appretur, der die wesentlichen Appreturprozesse — unterstützt durch Schemazeichnungen und Tabellen — bringt. Interessant an dem vorliegenden Buch ist es, daß es bei aller Kürze in seiner Darstellung vom elektronentheoretischen Standpunkt, vom physikalisch-chemischen Standpunkt und von der farbenchemischen Seite untermauert ist. Es kommt dadurch zu einer klaren Darstellung der färberischen Prozesse. Das Buch kann den Studenten zur Einführung in das Gesamtgebiet des Färbens der Cellulosefasern sehr empfohlen werden. *G. von Hornuff*

Patentschau

Auszug aus Lieferung 21/22/1963 der Patentschau „Faserstoffe und Textiltechnik", Ausgabe A: Faserstoffe einschl. Kunststoffe und organ. Grundsubstanzen, zusammengestellt von der Abteilung Wissenschaftliches Berichtswesen des Instituts für Faserstoff-Forschung, Teltow-Seehof, Kantstr. 55

Die Patentschau ist nach der deutschen Patentklasseneinteilung gegliedert. Es bedeuten: DAP = Deutsches Ausschließungspatent (DDR); DWP = Deutsches Wirtschaftspatent (DDR); DBP = Deutsches Bundespatent; DAS = (West)-Deutsche Auslegeschrift; OeP = Österreichisches Patent; SchweizP = Schweizer Patent; FP = Französisches Patent; BP = Britisches Patent; SchwedP = Schwedisches Patent; SP = Sowjetisches Patent; ČP = Tschechisches Patent; USP = Amerikanisches Patent; — A = Anmelde-, B = Bekanntmachungs-, E = Erteilungsdatum.

Klasse 29 a

FP 1330609. Textilfasern und Filme, hergestellt aus kristallinen tritaktischen Polymeren. Erf.: *A. Coen* u. *I. Gigli*, Inh.: Montecatini Soc. Gen. per l'Industria Mineraria e Chimica, A. 7. 8. 62. E. 13. 5. 63. Int. Kl.: D 01 d; D 01 f, A.-Z.: 906295. Prior.: 11. 8. 61 (Ital.; A.-Z.: 14979).

FP 1334835. Herstellung von synthetischen Fasern, insbesondere solcher, die in Flüssigkeiten leicht dispergierbar sind. Erf.: *R. G. Marley*, Inh.: American Viscose Corp. A. 1. 10. 62. E. 1. 7. 63. Int. K.l: D 01 d, A.-Z.: 910945.

FP 1333980. Spinnverfahren. Inh.: Japan Exlan Co. Ltd., A. 12. 7. 62, E. 24. 6. 63. Int. Kl.: D 01 d, A.-Z.: 903852. Prior.: 14. 7. 61 (Jap.; A.-Z.: 25393/1961).

USP 3098347. Elastisches Garn und Verfahren zur Herstellung. Erf.: *W. D. Smith*, Inh.: Parayarn Elastic Co., Philadelphia. Pa. A. 20. 3. 62, E. 23. 7. 63. Kl.: 57—152. 10 Anspr. A.-Z.: 181020.

USP 3099067 Zus. z. Pat. m. A.-Z.: 683700. Plastfasern. Erf.: *Ch. Merriam* u. *W. A. Miller*, Inh.: Union Carbide Corp., New York. N. Y. A. 30. 11. 59, E. 30. 7. 63. Kl.: 28—82. 7 Anspr. A.-Z.: 855997.

SchweizP 371859. Verfahren und Vorrichtung zum kontinuierlichen Spinnen von künstlichen Fasern. Erf.: Dr. *G. Diotti*. Inh.: Studi e Brevetti Applicazioni Tessili. 5, viale Francesco Crispi, Mailand (Ital.). A. 10. 11. 61. E. 15. 9. 63. Kl.: 29 a. 6/07. A.-Z.: 13087/61, Prior.: 12. 11. 60 (Ital.; A.-Z.: 19491/60).

FP 1335673. Verbesserungen an Streckvorrichtungen für textile Materialien. Inh.: T. M. M. (Research) Ltd. A. 23. 7. 62, E. 15. 7. 63. Int. Kl.: D 02 c, A.-Z.: 904762.

USP 3099065 Zus. z. Pat. 3028654. System zum Erhitzen von Garn. Erf.: *C. G. Evans*. Inh.: Deering Milliken Research Corp., Spartanburg, S. C. A. 31. 10. 61, E. 30. 7. 63. Kl.: 28—62. 9 Anspr. A.-Z.: 148895.

USP 3099126. Garnzuführungsvorrichtung. Erf.: *R. J. Laureti*. Inh.: Wall Rope Works, Inc., Beverly, N. J. A. 7. 10. 60, E. 30. 7. 63. Kl.: 57—58,7. 8 Anspr. A.-Z.: 61153.

SP 154000 (Urheberschein). Vorrichtung zur Reinigung der Spinndüsen von Verunreinigungen. Erf.: *I. L. Kagan*; *A. A. Čubukov*, *A. V. Ivanov*, *L. L. Černogorov* u. *A. I. Abrosov*. A. 3. 7. 62, B. 9. 7. 63. Kl.: 29 a. 6/10. A.-Z.: 785110/28—12.

BP 922455. Spinndüsen. Inh.: E. I. du Pont de Nemours & Co. A. 25. 1. 62, Kl.: 2 (2). A.-Z.: 2821/62.

USP 3095607. Spinnkopfanordnung. Erf.: *J. S. Cobb*, Inh.: E. I. du Pont de Nemours & Co., Wilmington, Del. A. 10. 7. 62, E. 2. 7. 63. Kl.: 18—8, 4 Anspr. A.-Z.: 208748.

SP 154001 (Urheberschein). Kapselung für den Spinntopf von Zentrifugenspinnmaschinen für Kunstseide. Erf.: *B. C. Abovskij*, *I. F. Aleksandrovič*, *P. N. Zernov*, *S. Z. Pozin* u. *B. A. Smykov*. A. 16. 7. 62, B. 9. 7. 63. Kl.: 29 a. 6/14. A.-Z.: 787117/28—12.

DAS 1154229. Stauchkräuselvorrichtung für Kunstfäden. Erf.: Dipl.-Ing. *H. Schippers* u. *H. Tobbe*. Anm.: Barmer Maschinenfabrik AG, Wuppertal-Oberbarmen. A. 10. 9. 58, B. 12. 9. 63. Kl.: 29 a. 6/20, A.-Z.: B. 50292.

FP 80843 Zus. z. Pat. 1289491. Verfahren zur Kräuselung thermoplastischer Fäden. Vorrichtung zu seiner Durchführung und erhaltene neue Fäden. Inh.: Rhodiaceta. A. 21. 12. 61, E. 13. 5. 63. Int. Kl.: D 01 d, A.-Z.: 882740.

SchweizP 372131. Spinnverfahren für viskoelastische Polymere. Erf.: *A. Coen* u. *W. Conti*, Inh.: Montecatini Soc. Gen. per. l'Industria Mineraria e Chimica, Mailand (Ital.). A. 10. 11. 59, E. 30. 9. 63. Kl.: 29 a, 6/31 (29 a, 6/10). A.-Z.: 80434/59. Prior.: 12. 11. 58 (Ital.: A.-Z.: 16769/58).

ČP 108327. Verfahren zur Herstellung von Hochbauschgarnen auf Direktspinnmaschinen aus Kabel oder aus synthetische Fasern enthaltendem Kabel. Erf.: *B. Piller*, *F. Macháček* u. Ing. *L. Brázda*, 29. 7. 61/15. 3. 63/15. 9. 63. Kl.: 29 a. 7, A.-Z.: 4690/61.

Klasse 29 b

ČP 108498. Verfahren zur Herstellung hochschrumpffester Polyesterfasern. Erf.: Ing. *V. Lacko*, Ing. *D. Kello* u. *G. Kaduková*. 25. 4. 62/15. 4. 63/15. 9. 63. Kl.: 29 b, 3/60. A.-Z.: 2500/62.

USP 3095258. Schmelzspinnverfahren zur Herstellung von Hohlfasern. Erf.: *P. T. Scott*, Inh.: E. I. du Pont de Nemours & Co., Wilmington, Del. A. 22. 6. 62, E. 25. 6. 63. Kl.: 18—54, 9 Anspr. A.-Z.: 204409.

FP 1327748. Verfahren zur Herstellung von synthetischen Fasern aus Vinylidencyanid mit ausgezeichneter Anfärbbarkeit. Erf.: *K. Matsubayashi*, *H. Hayanami* u. *T. Tsuji*, Inh.: Kurashiki Rayon Co. Ltd. A. 21. 2. 62, E. 16. 4. 63. Int. Kl.: D 01 f, A.-Z.: 888712. Prior.: 21. 2. 61 (Jap.; A.-Z.: 5641/1961).

FP 1329578. Verfahren zur Herstellung neuer synthetischer Fasern und anderer geformter Gegenstände mit ausgezeichneten physikalischen Eigenschaften. Erf.: *O. Fukushima* u. *Y. Sakurada*. Inh.: Kurashiki Rayon Co. Ltd., A. 29. 5. 61, E. 6. 5. 63. Int. Kl.: D 01 f; C 08 f. A.-Z.: 863255. Prior.: 30. 5. 60; 1. 12. 60; 15. 12. 60 (Jap.; A.-Z.: 25671; 47151; 48692).

FP 1330570. Verfahren zur Verbesserung der Färbeeigenschaften von Textilfasern auf der Grundlage kristalliner Polyolefine. Erf.: *V. Cappuccio*. Inh.: Montecatini Soc. Gen. per l'Industria Mineraria e Chimica. A. 6. 8. 62, E. 13. 5. 63. Int.: Kl. D 01 f; D 06 p, A.-Z.: 906164. Prior.: 10. 8. 61 (Ital.; A.-Z.: 14728).

FP 1333844 (Aj.). Neue Fasern aus chloriertem Polyvinylchlorid. Inh.: Société Rhovyl. A. 18. 6. 62, E. 24. 6. 63. Int. Kl.: C 08 f; D 01 f. A.-Z.: 901082.

FP 1333845 (Aj.). Verbesserung bei der Herstellung von Polyvinylchloridfäden. Inh.: Société Rhovyl. A. 18. 6. 62. E. 24. 6. 63. Int. Kl.: D 01 f. A.-Z.: 901083.

USP 3099047. Vorrichtung zum Aufbrechen von Fasermassen. Erf.: *F. B. Morrill*. Inh.: Crompton & Knowles Corp., Worcester, Mass. A. 6. 7. 61. E. 30. 7. 63, Kl.: 18—91, 9 Anspr., A.-Z.: 122164.

FP 1335515. Verfahren zur Herstellung von Textilfasern, Filmen, Bändern und ähnlichen Gegenständen auf Basis von Polymeren und Copolymeren des Acrylnitrils und nach diesem Verfahren erhaltene Gegenstände. Erf.: *V. Cappuccio* u. *A. Monaci*. Inh.: Montecatini Soc. Gen. per l'Industria Mineraria e Chimica. A. 28. 2. 62, E. 15. 7. 63. Int. Kl.: C 08 f, A.-Z.: 889460. Prior.: 3. 3. 61 (Ital.; A.-Z.: 3984/61).

FP 1336025. Verfahren zur Verbesserung der Eigenschaften von Textilfasern. Erf.: *L. Nobile*, Inh.: Miled S.p.A., A. 17. 10. 61, E. 15. 7. 63. Int. Kl.: D 01 f; D 06 m, A.-Z.: 912481. Prior.: 18. 10. 61 (Ital.; A.-Z.: 18814/61).

BP 921324. Mikrobenbeständige Fäden; synthetische Harzkompositionen. Inh.: Eastman Kodak Co. A. 15. 10. 60. Kl.: 2 (2); 2 (5); 2 (6). A.-Z. 35407/60.

USP 3095322. Farbstabilisierte Fasern und ein Verfahren zu ihrer Herstellung. Erf.: *J. Z. Sadowski* u. *R. E. Wagner*. Inh.: E. I. du Pont de Nemours & Co., Wilmington, Del. A. 20. 3. 61, E. 25. 6. 63. Kl.: 117—118,8. 13 Anspr. A.-Z.: 96651.

USP 3100135. Verfahren zur Behandlung von textilen Materialien und daraus hergestellten Produkten. Erf.: *F. H. Sexsmith*, Inh.: Johnson & Johnson, New Brunswick, N. J. A. 28. 9. 59, E. 6. 8. 63. Kl. 8—116. 16 Anspr. A.-Z.: 842596.

USP 3099517. Verfahren zur Behandlung naßgesponnener Acrylnitrilpolymerfasern. Erf.: *R. B. Hurley* u. *P. C. Colodny*. Inh.: The Dow Chemical Co., Midland, Mich., A. 16. 12. 60, E. 30. 7. 63. Kl.: 18—48. 12 Anspr. A.-Z.: 76219.

Klasse 39 c

USP 3099650. Verfahren zur Herstellung von flüssigen Polymeren und Copolymeren mit verringertem Modifikatorzusatz. Erf.: *Th. W. Boyer*, *R. C. Stucker* u. *E. L. Ries*. Inh.: American Synthetic Rubber Corp., Louisville, Ky. A. 19. 10. 61, E. 70. 3. 63. Kl.: 260—139. 9 Anspr. A.-Z.: 146191.

USP 3095395. Zus. z. Pat. m. A.-Z.: 798579. Textilausrüstungskomposition aus der wäßrigen Lösung eines Aminoplasts und damit imprägnierte Textilien. Erf.: *H. G. Goodman jr.* Inh.: Union Carbide Corp., A. 17. 1. 61, E. 25. 6. 63. K.l: 260—29,4. 16 Anspr. A.-Z.: 85177.

DAS 1154273. Verfahren zur Herstellung von Urethangruppen enthaltenden Schaumstoffen. Erf.: Dr. *H. Piechota* u. Dr. *H. Wirtz*. Anm.: Farbenfabriken Bayer AG. Leverkusen. A. 6. 5. 61, B. 12. 9. 63. Kl.: 39 c, 6. A.-Z.: F 33877.

DAS 1154625. Verfahren zur Herstellung von in der Hitze verschäumbaren, in konzentrierter Schwefelsäure mindestens teilsweise löslichen linearen Polyamiden. Erf.: Dr. *F. Becke* u. Dr. *K. Wick*. Anm.: Badische Anilin- & Soda-Fabrik AG, Ludwigshafen/Rhein. A. 19. 7. 58, B. 19. 9. 63. Kl.: 39 c, 10, A. -Z.: B 49681.

OeP 230629. Verfahren zur Herstellung von synthetischen, linearen Kondensationsprodukten. Inh.: Bemberg SpA., Mailand. 25. 3. 59/15. 4. 63/15. 10. 63. Kl.: 39 b, 21. A.-Z.: 2349/59. Prior.: 31. 3. 58 (Ital.).

FP 1327383. Ungesättigte Dicarbonsäure-Monoester, ihre Polymeren und Verfahren zur Herstellung. Erf.: *W. D. Emmons* u. *D. R. Falgiatore*. Inh.: Rohm & Haas Co. A. 25. 5. 62, E. 8. 4. 63. Int. Kl.: C 07 d; C 08 f; C 08 g, A.-Z.: 898850. Prior.: 25. 5. 61 (USA; A.-Z.: 112597).

FP 1327762. Kontinu-Verfahren zur Herstellung von Polycarbonaten aus Bisphenolen und Phosgen. Inh.: Kodak-Pathé. A. 13. 3. 62, E. 16. 4. 63, Int. Kl.: C 08 g, A.-Z.: 890953.

FP 1330239. Polymerisationsfähiger Mischester der Chloren-di-säure. Inh.: Société des Usines Chimiques Rhône-Poulenc. A. 8. 5. 62, E. 13. 5. 63, Int. Kl.: C 07 c, C 08 f, A.-Z.: 896826.

BP 920901. Ungesättigte Polyesterharze. Inh.: Toyo Koatsu Industries Inc. A. 23. 2. 60. Kl.: 2 (6). A.-Z.: 6344/60.

BP 920902 Teil v. Pat. 920901. Ungesättigte Polyesterharze. Inh.: Toyo Koatsu Industries Inc., A. 23. 2. 60. Kl.: 2 (6). A.-Z.: 44688/62.

SP 154396 (Urheberschein). Verfahren zur Herstellung von Polyestern der Oxalsäure. Erf.: *V. M. Savinov*, *L. B. Sokolov* u. *L. A. Ryžova*. A. 2. 12. 61. B. 24. 7. 63. Kl.: 39 c, 2, A.-Z.: 753940/23—4.

DAS 1154631. Verfahren zur Polymerisation von Äthylen. Erf.: *G. Pieper*, *E. Stein* u. *H.-F. Rickert*. Anm.: Farbenfabriken Bayer AG, Leverkusen, A. 8. 10. 54, B. 19. 9. 63. Kl.: 39 c. 25/01. A.-Z. F. 15877.

DAS 1154634. Verfahren zur Herstellung von hochmolekularen Polyäthylenen. Erf.: Dr. *K. Ziegler*, Dipl.-Chem. Dr. *H. Breil*, Dipl.-Chem. Dr. *H. Martin* u. Dr. *E. Holzkamp*. Anm.: Dr. Dr. e. h. Karl Ziegler, Mühlheim/Ruhr. A. 27. 12. 54. B. 19. 9. 63. Kl. 39 c, 25/01. A.-Z.: Z. 4628.

OeP 230622. Verfahren zur katalytischen Blockpolymerisation von Methylmethacrylat und Vinylacetat. Inh.: W. R. Grace & Co. New York. 25. 10. 60/15. 4. 63/15. 10. 63. Kl.: 39 b, 14. A.-Z.: 7982/60.

FP 1334037. Verfahren zur Herstellung von Polyvinylalkohol mit hohem Kristallisationsgrad. Erf.: *A. Lupu*. u. *M. Oppris*. Inh.: Ministerul Industriei Petrolului si Chimiei. A. 7. 8. 62. E. 24. 6. 63. Int. Kl.: C 08 f. A.-Z.: 906320.

FP 1336197. Verbesserungen bei der Abtrennung von Acrylnitril. Inh.: Société d'Electro-Chimie. d'Electro-Métallurgie et des Acièries Electriques d'Ugine. A. 11. 7. 62, E. 22. 7. 63. Int. Kl.: C 07 c, A.-Z.: 903674.

FP 1338055. Homopolymere von Olefinen und Verfahren zu ihrer Herstellung. Erf.: *G. Natta*, *G. Mazzanti* u. *G. Dall'Asta*. Inh.: Montecatini Soc. Gen. per l'Industria Mineraria e Chimica. A. 24. 10. 62, E. 12. 8. 63. Int. Kl.: C 08 f, A. -Z.: 913243. Prior.: 26. 10. 61 (Ital.; A.-Z.: 19311/61).

BP 923843 Zus. z. Pat. 873948. Suspensionspolymerisation. Inh.: Shell Research Ltd., A. 27. 9. 60. Kl.: 2 (6). A.-Z.: 33151/60.

BP 924233. Methylmethacrylatcopolymerprodukte. Inh.: J. T. Baker Chemical Co. A. 25. 1. 61. Kl.: 2 (6). A.-Z.: 2893/61.

SP 154403 (Urheberschein). Verfahren zur Herstellung von Polyäthylen. Erf.: *A. G. Sirota* u. *E. Ja. Paramonkov*. A. 19. 3. 62. B. 24. 7. 63. Kl.: 39 c. 25/01. A.-Z.: 769538/23-4.

USP 3100195. Polymerisation von Styrol in Masse in Gegenwart gesättigter Fettsäure und Mineralöl. Erf.: *J. Zomlefer*. Inh.: Solar Chemical Corp., Leominster, Mass. A. 25. 11. 59, E. 6. 8. 63. Kl.: 260—23. 5 Anspr. A.-Z. 855264.

USP 3100200. Verfahren zur Polymerisation von Acrylestern mit Metallhalogeniden und Metallen der Gruppe II als Katalysatoren. Erf.: *L. T. Smith*. Inh.: Phillips Petroleum Co. A. 14. 9. 59. E. 6. 8. 63. Kl.: 260 bis 89,5. 15 Anspr. A.-Z.: 839581.

Literaturschau

Auszug aus Lieferung 21 und 22/1963 des Dokumentationsdienstes „Faserstoffe und Textiltechnik", zusammengestellt von der Abteilung Wissenschaftliches Berichtswesen des Instituts für Faserstoff-Forschung, Teltow-Seehof, Kantstr. 55

I. Wissenschaftliche Grundlagen

Charles, F. R., Zukünftige Entwicklung der Celluloseforschung. J. Polymer Sci., Part C (1963) 2, S. 273–276.

Physik und Chemie der Hochpolymeren

Ellefsen, Ø., Viskositätsmessungen an chemisch modifizierter Cellulose. J. Polymer. Sci., Part C (1963) 2, S. 321–330.

Hermans, J. J., Viskosität und Sedimentation von verdünnten Lösungen von Cellulosemakromolekülen. J. Polymer. Sci., Part C (1963) 2, S. 117 bis 128.

Dreval, V. E., *Tager, A. A.*, u. *Fomina, A. S.*, Konzentrierte Lösungen von Polymeren. IV. Untersuchung der Lösungsviskosität von Polystyrol in verschiedenen Lösungsmitteln. Vysokomol. Soed. (Hochmol. Verbind.) **5** (1963) 9, S. 1404–1410.

Bradbury, J. H., u. *Chapman, G. V.*, Untersuchung der Quellung von Wollfasern durch Lichtmikroskopie. Textile Res. J. **33** (1963) 8, S. 666–668.

Stratmann, M., Mikroskopische Untersuchung von Nylon und Perlon durch die Frotté-Reaktion. Z. ges. Textilind. **65** (1963) 6, S. 700–703.

Bradbury, J. H., *Rogers, G. E*, u. *Filshie, B. K.*, Die Theorie des Schrumpffestmachens von Wolle. Teil V. Elektronen und Lichtmikroskopie von Wollfasern nach chemischen Behandlungen. Textile Res. J. **33** (1963) 8, S. 617–630.

Belavceva, E. M., *Gumargalieva, K. Z.*, u. *Kitajgorodskij, A. I.*, Elektronenmikroskopische Struktur-Untersuchung von mit Phosphorwolframsäure behandelten Kapron- und Lawsan-Fasern. Dokl. Akad. Nauk SSSR (Ber. Akad. Wiss. UdSSR) **151** (1963) 6, S. 1356–1357.

Ruscher, Ch., u. *Schmolke, R.*, Ultrarotdichroitische und röntgenographische Untersuchung an Copolymeren des Acrylnitrils. Faserforsch. u. Textiltechnik **14** (1963) 11, S. 459–468.

Tripp, V. W., *McCall, E. R.*, u. *O'Connor, R. T.*, Infrarot-Spektren von ausgewählten harzbehandelten Baumwollen. Amer. Dyestuff Rep. **52** (1963) 16, S. 31 (P598)–35 (P602).

Kozyreva, E. F., *Jukel'son, I. I.*, u. *Nuždina, J. A.*, Frage der optischen Eigenschaften von Arylenalkylpolymeren. I. Elektronenabsorptionsspektren. Vysokomol. Soed. (Hochmol. Verbind.) **5** (1963) 9, S. 1360–1366.

Jeffries, R., Eine Infrarot-Untersuchung der Deuterierung von Cellulose und Cellulosederivaten. Polymer, London **4** (1963) 3, S. 375–389.

Žbankov, R. G., *Marupov, R.*, *U Mej-jan'*, *Tjuganova, M. A.*, u. *Rogovin, Z. A.*, Untersuchung der Struktur von Celluloseestern mit phosphorhaltigen Säuren mittels UR-Spektroskopie. Vysokomol. Soed. (Hochmol. Verbind.) **5** (1963) 9, S. 1292–1296.

Klein, E., u. *Bosarge, K.*, Optische Dispersion und Doppelbrechung von hochfesten Cellusiosefasern. J. Polymer. Sci., Part. C (1963) 2, S. 515 bis 526.

Norman, N., Röntgenbeugungsuntersuchung der Konformation der Cellulosekette. Textile Res. J. **33** (1963) 9, S. 711–720.

Kratky, O., u. *Miholic, G.*, Röntgenographische Kleinwinkel-Untersuchung mit Messung der absoluten Intensität an in Luft gequollener Regeneratcellulose J. Polymer Sci., Part. C (1963) 2, S. 449–476.

Kast, W., Vergleichende röntgenographische Orientierungsmessungen an Hermans-Modellfäden. J. Polymer Sci., Part C (1963) 2, S. 429–448.

Chakravarty, A. C., Kristallinität in Jutefaser bei verschiedenen Wachstumsstufen der Pflanze. Textile Res. J. **33** (1963) 8, S. 662–663.

Smith, J. K., *Kitchen, W. J.*, u. *Mutton, D. B.*, Strukturuntersuchung an Cellulosefasern. J. Polymer Sci., Part C (1963) 2, S. 499–513.

Landyševa, V. A., *Kalinina, N. G.*, *Radčenko, G. O.*, *Kukin, G. N.*, u. *Černov, E. N.*, Oberflächlich acetylierte Baumwolle, Mitt. 1. Die Struktur von acetylierter Baumwollfaser. Izv. vysšich uč. Zav. Technol. tekstil. Prom. (Hochschulnachr. Technol. Textil-Ind.) (1963) 3, S. 50–56.

Betrabet, S. M., *Pillay, K. P. R.*, u. *Iyengar, R. L. N.*, Struktureigenschaften von Baumwollfasern. Teil II. Doppelbrechung und Richtungsumkehr in der Fibrillenspiralstruktur in Beziehung zu den mechanischen Eigenschaften. Textile Res. J. **33** (1963) 9, S. 720–727.

Aihara, T., *Yoshizaki, O.*, u. *Nagai, E.*, Untersuchungen an der kristallinen Modifikation von Polyamid 6 (γ-Form). III. Optische Untersuchung des Deformationsmechanismus von Polyamid-6-Sphärolithen. Chem. High Polymers. Tokyo **20** (1963) 219, S. 450–455. (jap., engl. Zusammenfass.).

Okuyama, M., u. *Yanagida, T.*, Dynamische Viskoelastizität von verschiedenen Polyvinylchloridharzen bei tiefen Temperaturen. Chem. High Polymers, Tokyo **20** (1963) 219, S. 385–390. (jap.; engl. Zusammenfass.).

Howard, W. H., u. *Williams, M. L.*, Die viskoelastischen Eigenschaften von orientierten Polyamid-66-Fasern. Teil I. Kriechen bei kleiner Belastung unter wasserfreien Bedingungen. Textile Res. J. **33** (1963) 9, S. 689–696.

Abe, H., u. *Prins, W.*, Elastizität von Polyvinylalkohol-Modellfäden im Quellungsgleichgewicht mit Wasser. J. Polymer Sci., Part C (1963) 2, S. 527–546.

Haly, A. R., u. *Snaith, J. W.*, Superkontraktionserholung von reduzierten und alkylierten Wollfasern. Textile Res. J. **33** (1963) 9, S. 669–672.

Putzger, D., Magnetische Anisotropieuntersuchungen an Glasfasern, Dederon- und PeCeU-Borsten. Teil II: Versuchsergebnisse. Faserforsch. u. Textiltechnik 14 (1963) 11, S. 495–499.

Suda, Y., u. *Ujigawa, H.*, Grundlegende Untersuchung über das Färben mit Dispersionsfarbstoffen. VIII. Die Wechselwirkung zwischen Dispersionsfarbstoffen des Aminoanthrachinon-Typs und den Estern durch papierchromatographische Untersuchungen vom Standpunkt der Wasserstoffbindung des γ-CH…X-Typs. J. Soc. Textile Cellulose Ind., Japan **9** (1963) 7, S. 563–568. (jap.; engl. Zusammenfass.).

Paulusma, P., u. *Vermaas, D.*, Fraktionierende Extraktion von Regeneratcellulosefasern mit Eisen-Natriumtartrat-Lösung. J. Polymer Sci., Part C (1963) 2, S. 487–497.

Physik und Chemie der Monomeren und Oligomeren

Zahn, H., u. *Gleitsmann, G. B.*, Oligomere und Pleionomere von synthetischen faserbildenden Polymeren. Angew. Chemie **75** (1963) 16/17, S. 772 bis 783.

Polymerisation

Hopff, H., Neuere Arbeiten auf dem Gebiete der Polymerisationsprodukte. Kunststoffe **53** (1963) 9, S. 593–596.

Alekseeva, I. A., *Semerneva, G. A.*, u. *Spasskij, S. S.*, Copolymerisation von ungesättigten Polyestern mit Vinyl- und Allylmonomeren. XV. Untersuchung von aus Polydiäthylenglykolfumarat erhaltenen Polymeren mit Hilfe der UR-Spektroskopie und chemischer Methoden. Vysokomol. Soed. (Hochmol. Verbind.) **5** (1963) 9, S. 1297–1302.

Žubanov, B. A., *Rafikov, S. R.*, u. *Moškevič, S. A.*, Untersuchung auf dem Gebiet der Synthese von Polymeren. XII. Mischpolyamide auf der Basis von p-Xylylendiamin, Sebacinsäure, Aminoönanth- und Aminoundecansäure. Vysokomol. Soed. (Hochmol. Verbind.) **5** (1963) 9, S. 1325–1328.

Králiček, J., u. *Šebenda, J.*, Alkalische Polymerisation von 6-Caprolactam. XIII. Adiabatische Copolymerisation von 6-Caprolactam mit einer Mischung von C-Methylcaprolactamisomeren. Chem. Prům., Praha (Chem. Ind.) **13(38)** (1963) 10, S. 545(M145)–549(M149).

Gehrke, K., Beiträge zum Reaktionsmechanismus der Schnellpolymerisation des Caprolactams. III. Untersuchungen zur Startreaktion. Faserforsch. u. Textiltechnik **14** (1963) 11, S. 468–473.

Medved', T. Ja., *Frunze, T. M.*, *Chu Čin-mej*, *Kurašev, V. V.*, *Koršak, V. V.*, u. *Kabačnik, M. I.*, Phosphororganische Polyamide auf der Basis von Methyl-di-(m-aminophenyl-phosphinoxid. Vysokomol. Soed. (Hochmol. Verbind.) **5** (1963) 9, S. 1309–1314.

Polyäthylen verbessert Cellulosefasern. Kunststoff-Berater **8** (1963) 10, S. 745–747.

Razuvaev, G. A., *Minsker, K. S.*, *Fedoseeva, G. T.*, u. *Štarkman, B. P.*, Heterogene katalytische Äthylenpolymerisation in Gegenwart eines Metall und Metallchlorid enthaltenden Systems. Vysokomol. Soed. (Hochmol. Verbind.) **5** (1963) 9, S. 1371–1375.

Berlin, A. A., *Kasatočkin, V. I.*, *Aseeva, P. M.*, u. *Finkel'štejn, G. B.*, Polymere mit konjugierten Bindungen und Heteroatomen in der Konjugationskette. XXIX. Über die Herstellung und Eigenschaften von durch Dehydrochlorierung und Carbonisierung von Polyvinylchlorid und chloriertem Polyvinylchlorid entstehenden polymeren Produkten. Vysokomol. Soed. (Hochmol. Verbind.) **5** (1963) 9, S. 1303–1308.

Kawakami, H., *Mori, N.*, u. *Sumi, M.*, Polymerisation von Vinylacetat in Substanz mit Tri-n-butylbor als Initiator. Chem. High Polymers, Tokyo **20** (1963) 219, S. 408–412. (jap.; engl. Zusammenfass.).

Vesely, K., u. *Mejzlik, J.*, Anionische Polymerisation von Formaldehyd. IV. Vysokomol. Soed. (Hochmol. Verbind.) **5** (1963) 9, S. 1425–1428.

Alföldi, J., u. *Pašteka, M.*, Pfropfen von Acetylcellulose mit Styrol. Chem. Prům., Praha (Chem. Ind.) **13(38)** (1963) 10, S. 554(M154)–556(M156).

Sakurada, Y., u. *Ueda, M.*, Polymerisation von α-Methylstyrol mit Ziegler-Katalysatoren und Eigenschaften der erhaltenen Polymeren. II. Beziehung zwischen Molekulargewichtsverteilung und Polymerisationsmechanismus. Chem. High Polymers, Tokyo **20** (1963) 219, S. 417–422. (jap.; engl. Zusammenfass.).

Sakurada, Y., *Imai, K.*, u. *Matsumoto, M.*, Polymerisation von α-Methylstyrol mit Ziegler-Katalysatoren und Eigenschaften der erhaltenen Polymeren. III. Polymerisation von α-Methylstyrol mit verschiedenen Alkylaluminiumverbindungen und $TiCl_4$ als Katalysatorsysteme. IV. Eigenschaften des mit verschiedenen Katalysatoren hergestellten Poly-α-methylstyrols. Chem. High Polymers, Tokyo **20** (1963) 219, S. 423–435. (jap.; engl. Zusammenfass.).

Sakurada, Y., *Mochizuki, T.*, u. *Matsumoto, M.*, Polymerisation von α-Methylstyrol mit Ziegler-Katalysatoren und Eigenschaften der erhaltenen Polymeren. V. Röntgendiagramm von Poly-α-methylstyrol. Chem. High Polymers, Tokyo **20** (1963) 219, S. 436–442. (jap.; engl. Zusammenfass.).

Koršak, V. V., *Sosin, S. L.*, u. *Vasnev, V. A.*, Synthese von Polymeren aus aromatischen und aliphatischen Nitrilen nach der Polyrekombinationsmethode. Dokl. Akad. Nauk SSSR (Ber. Akad. Wiss. UdSSR) **152** (1963) 4, S. 872–874.

Pudovik, A. N., *Chusainova, N. G.*, u. *Kaševarova, Ė. I.*, Polymerisation und Copolymerisation von phosphorhaltigen Methacrylsäureestern. Vysokomol. Soed. (Hochmol. Verbind.) **5** (1963) 9, S. 1376–1381.

Minsker, K. S., *Graevskij, A. I.*, u. *Razuvaev, G. A.*, Polymerisation von Methylmethacrylat in Gegenwart von aluminiumorganischen Verbindungen. Izv. Akad. Nauk SSSR, Serija chim. (1963) 8, S. 1483–1487.

Katai, A. A., *Kulshrestha, V. K.*, u. *Marchessault, R. H.*, Durch Cer-Ionen ausgelöste Polymerisation von Acrylnitril in Gegenwart von Alkoholen. J. Polymer Sci., Part C (1963) 2, S. 403–414.

Koršak, V. V., *Mozgova, K. K.*, u. *Babčinicer, T. M.*, Herstellung von Pfropfcopolymeren. Copolymere aus Polytetrafluoräthylen und Methylmethacrylat. Dokl. Akad. Nauk SSSR (Ber. Akad. Wiss. UdSSR) **151** (1963) 6, S. 1332–1334.

Koršak, V. V., *Sladkov, A. M.*, *Luneva, L. K.*, u. *Bulgakova, I. A.*, Untersuchungen auf dem Gebiet von Polymeren mit koordinativer Bindung in der Hauptkette. XVI. Synthese von Polymeren auf der Basis von Orthotitanaten und bis-(β-Diketonen). Vysokomol. Soed. (Hochmol. Verbind.) **5** (1963) 9, S. 1288–1291.

Huang, R. Y.-M., u. *Rapson, W. H.*, Pfropfung von Polymeren auf Cellulose durch Strahlung hoher Energie. II. Einfluß von Quellmitteln auf die durch direkte γ-Bestrahlung ausgelöste Pfropfung von Styrol auf Cellulose. J. Polymer Sci., Part C (1963) 2, S. 169–188.

Sonderfragen

Rochas, P., Die radioaktiven Isotope im Dienst der Textilindustrie. Bull. Inst. Textile France **17** (1963) 107, S. 733–767.

II. Faserstoffe. Ausgangsstoffe usw.

Neue Fasern als Verstärkung. Kunststoff-Berater **8** (1963) 10, S. 748–749.

Guser, V., Verfahren zur Auswahl von Chemiestapelfasern je nach Feinheit, Länge und Mischverhältnis bei Mischungen mit Wolle. Tekstil. Prom., Sofija (Textil-Ind.) **12** (1963) 4, S. 5–7.

Segal, L., u. *Eggerton, F. V.*, Das Verhalten von Äthylenimin mit Cellulose in Gegenwart von Essigsäure. Textile Res. J. **33** (1963) 9, S. 739–745.

Naturfaserstoffe

Pflanzenfaserstoffe

Andrews, F. R., Honold, E., u. *Grant, J. N.*, Erhitzen, Reinigen und mechanische Einflüsse auf Baumwolle bei der Verarbeitung. Teil II. Gleichgewichtsfeuchtigkeit und Dichte. Textile Res. J. **33** (1963) 8, S. 609–616.
Gonzales, E. J., Welch, C. M., u. *Guthrie, J. D.*, Die Bindung von Phenolen an Baumwolle mit Zirkonacetat. Textile Res. J. **33** (1963) 8, S. 600–608.
Hubeli, H., Gewinnung und Verarbeitung von Flachsfasern. Textil-Rdsch., St. Gallen **18** (1963) 9, S. 472–479.
Brezeanu, O., u. *Florescu, M.*, Betrachtungen über importierte Baumwollfasern. Ind. textilă, Bucureşti **14** (1963) 9, S. 390–391.
Blouin, F. A., u. *Arthur jr., J. C.*, Die Einflüsse von γ-Strahlung auf Baumwolle. Teil V. Folgereaktionen der Bestrahlung. Textile Res. J. **33** (1963) 9, S. 727–738.

Tierische Faserstoffe

Die italienische Wolltextilindustrie. Norsk Tekstiltid. **44** (1963) 8, S. 342.
Haylett, T., Joubert, F. J., Swart, L. S., u. *Louw, D. F.*, Eine physikochemische Untersuchung der Proteine mit hohem Schwefelgehalt aus oxydierter Wolle. Textile Res. J. **33** (1963) 8, S. 639–649.

Chemiefaserstoffe

Johnson, A., Möglichkeiten mit modifizierten Chemiespinnfasern. Textile Manuf. **89** (1963) 1066, S. 422–424.

Regeneratfaserstoffe

Aggebrandt, L., u. *Samuelson, O.*, Das Eindringen von Polymetaphosphatlösung in Regeneratcellulose. J. Polymer Sci., Part C (1963) 2, S. 477 bis 486.
Hovenkamp, S. G., Natriumdithiocarbonat als Nebenprodukt der Xanthogenierungsreaktionen. Ein Beitrag zur Chemie der Viskose. J. Polymer Sci., Part C (1963) 2, S. 341–355.
Treiber, E., u. *Nadziakiewicz, H. C.*, Neue Beiträge zum Lösungszustand der Viskose. Gelteilchenzählung und Untersuchungen der optischen Rotationsdispersion an Viskose. J. Polymer Sci., Part C (1963) 2, S. 357–376.
Kamiya, T., Hirokawa, K., u. *Imada, T.*, Untersuchungen über das Trockenspinnen von Acetatfasern. Teil III. Die Beziehung zwischen einzelnen Spinnbedingungen und Fasereigenschaften. Teil IV. Die Beziehung zwischen dem Durchmesser der Öffnungen in der Spinndüse und Fasereigenschaften. J. Soc. Textile Cellulose Ind., Japan **19** (1963) 7, S. 522 bis 531. (jap.; engl. Zusammenfass.).

Synthetische Faserstoffe

Der Anstoß der elastomeren Garne. Hosiery Trade J. **70** (1963) 838, S. 116 bis 118.
Der Entdecker von Terylene spricht vor dem Textilinstitut. Textile J. Australia **38** (1963) 5, S. 590.
Davidovits, J., Faserbildung und Zerreißfestigkeit von linearen Polymeren. Theoretische Untersuchung. Beispiele von Polyamid 66 und Polyamid 6. Teintex, Paris **28** (1963) 10, S. 759, 761, 762, 765, 767, 768, 771, 773, 774.
Sowjetische Technologen arbeiten an Polyvinylalkoholfasern. Skinner's Rec. **37** (1963) 10, S. 876, 879.
Morbey, G. K., u. *Whitwell, J. C.*, Spinnen eines Mischpolymersystems aus der Lösung. Untersuchung mehrerer Variabler. Textile Res. J. **33** (1963) 9, S. 673–688.
Hearle, J. W. S., Polyacrylnitrilfasern – eine Untersuchung der Mannigfaltigkeit. Skinner's Rec. **37** (1963) 6, S. 489, 490, 492.
Götze, R., Zur Verspinnbarkeit von Polyacrylnitrilfasern. – 76. Mitt. aus dem ITC – Dt. Textiltechnik **13** (1963) 10, S. 509–512.
Hurley, R. B., u. *Tzentis, L. S.*, Dichte von Polyacrylnitril. J. Polymer Sci., Part B 1 (1963) 8, S. 423–426.
Bendt-Rasmussen, O., Eine neue Methode der Textilienherstellung. Z. ges. Textilind. **65** (1963) 9, S. 708–709.

III. Spinnerei (Verspinnen)

Spinnereivorbereitung

Szalkowski, Z., Forschungen im Zusammenhang mit der chemischen Aufbereitung der Bastfasern. Magyar Textiltechn. **15** (1963) 9, S. 400–403.
Grové, C. C., Der Einfluß der Rückströmung auf das Waschen von Rohwolle. J. Textile Inst. **54** (1963) 9, S. T385–T391.
Moderne Vorbereitungsmaschinen für die Abfallspinnerei. Bull. Inst. Textile France **17** (1963) 107, S. 775–790.

Spinnerei

Tobel, R., Auf dem Wege zur automatischen Spinnerei. Z. ges. Textilind. **65** (1963) 9, S. 676–683.
Beck, T., Lösung und Gestaltung verkürzter Spinnverfahren für Bastfasern in Ungarn. Textil, Praha **18** (1963) 9, S. 331–334.
Magin, E., Die strukturellen Wandlungen der Dreizylinderspinnerei in der Bundesrepublik Deutschland seit 1950. 1. Teil. Textil-Praxis **18** (1963) 9, S. 821–826.
Ettlinger, G., Transduktorgesteuerter Sanftanlauf von Textilmaschinen. Spinner, Weber, Textilveredlung **81** (1963) 9, S. 893–895.
Ring- und Läuferkombinationen und Garndurchgang bei Spinn- und Zwirnringen. I. Spinner, Weber, Textilveredlung **81** (1963) 9, S. 895–897.
Wegener, W., u. *Peuker, H.*, Das Faserband-Spinnverfahren. Teil IV. Einfluß von ein, zwei oder drei Streckenpassagen auf die Garn- und Gewebegleichmäßigkeit. Z. ges. Textilind. **65** (1963) 9, S. 690–699.
Truevcev, N. N., Einige Fragen zur Untersuchung des Streckprozesses bei hohen Geschwindigkeiten. Izv. vysšich uč. Zav. Technol. tekstil. Prom. (Hochschulnachr. Technol. Textil-Ind.) (1963) 3, S. 68–71.
Kevorkjan, A., u. *Marinov, M.*, Differenzierter Abzug des Baumwollbandes vom Streckwerk. Tekstil. Prom., Sofija (Textil-Ind.) **12** (1963) 4, S. 7–11.
Bauer, H., Einsatz eines Flyerflügels mit erhöhter Preßfingergegenbelastung bei Verarbeitung von Viskosefasern. Dt. Textiltechnik **13** (1963) 10, S. 513–516.
Liess, O., Neuigkeiten in der Streichgarnspinnerei. Ind. textilă, Bucureşti **14** (1963) 9, S. 392–394.

Erzeugnisse der Spinnerei

Jackowski, T., u. *Chylewska, B.*, Einfluß physikalisch-mechanischer Eigenschaften der Fasern auf die Qualität der Mischgarne. Przegl. włókienn. (Textil-Rdsch.) **17** (1963) 8, S. 259–264.

IV. Materialvorbereitung. Textile Verbundstoffe

Materialvorbereitung

Spulerei, Facherei

Paraffinieren nach neuem Prinzip. Wirk- u. Strick-Technik **13** (1963) 9, S. 437.
Efremov, E. D., Bewegung eines elastisch-dehnbaren und bezüglich des Durchmessers gleichmäßigen Fadens durch die Spannvorrichtung der Schärmaschine. Izv. vysšich uč. Zav. Technol. tekstil. Prom. (Hochschulnachr. Technol. Textil-Ind.) (1963) 3, S. 72–76.

Texturfadenherstellung

Horák, J., Bauschgarne und ihre Herstellung. Textil, Praha **18** (1963) 9, S. 329–331.

V. Weberei

Vincent, J. J., Direkte Beschleunigung des Schußfadens. Z. ges. Textilind. **65** (1963) 9, S. 712–715.
Lucas, E., Retuschiermittel in der Tuch- und Konfektionsindustrie. Z. ges. Textilind. **65** (1963) 9, S. 760, 762, 764.
Riesnert, W., Gewebefehler, die in der Weberei entstehen – Ursache und Verhütung. Teil 7. Textil-Praxis **18** (1963) 9, S. 848–853.

VI. Wirkerei. Strickerei. Konfektionstechnik. Sonstige Technologien

Wirkerei. Strickerei. Konfektionstechnik

Lancashire, J. B., Wirker und Stricker dringen in das Gebiet des Webers ein. Hosiery Times **36** (1963) 413, S. 25, 26, 29.
Hochbausch-Tricel für die Wirkerei und Strickerei. Hosiery Trade J. **70** (1963) 838, S. 122–124.

Wirkerei

Schußgewirkte Nylon-Badekleidung. Hosiery Times **36** (1963) 413, S. 67, 69, 70.

Strickerei

Hilsenrad, A., Gestrickte Spitzen und Vorhänge. Ind. textilă, Bucureşti **14** (1963) 9, S. 395–397.

Konfektionstechnik

Petzold, H., u. *Stöckigt, H.*, Herstellung und Einsatzgebiete von Wolpryla. Bekleid. u. Maschenware **2** (1963) 5, S. 33–35.
Nakov, L., u. *Naumova, R.*, Die Verwendung von Polyäthylen beim Kleben von Kleidungsstücken. Tekstil. Prom., Sofija (Textil-Ind.) **12** (1963) 4, S. 22–24.

VII. Textilveredlung

Würz, A., Fortschritte beim Färben von Polyester/Cellulosefasermischungen. SVF Fachorgan Textilveredl., Basel **18** (1963) 9, S. 581–592.
Fröhlich, H. G., Das Bleichen, Färben und Veredeln von Hutgeflechten aus natürlichem Fasermaterial. SVF Fachorgan Textilveredl., Basel **18** (1963) 9, S. 569–578.

Farbstoffe, Textilhilfsmittel

Burnthall, E. V., Auswahl von kationischen Farbstoffen für Acrilan 16. Amer. Dyestuff Rep. **52** (1963) 18, S. 35(P684)–42(P691).
Neveling, V., u. *Rösch, G.*, Zur Verwendung des Natriumchlorits in der Textilindustrie. Textil-Praxis **18** (1963) 9, S. 861–864.
Kovžin, L. A., u. *Charcharov, A. A.*, Beseitigung von gefärbten Beimengungen aus Vinylsulfon-Aktivfarbstoffen. Izv. vysšich uč. Zav. Technol. tekstil. Prom. (Hochschulnachr. Technol. Textil-Ind.) (1963) 3, S. 95–97.
Serafimoff, S., Koleff, N., Budevska, H., u. *Trendafilova-Somova, R.*, Melamin- und Harnstoff-Formaldehyd-Vorkondensate als Binder im Pigmentdruck. Dt. Textiltechnik **13** (1963) 10, S. 529–532.
Best, P., Das Verhalten von Kalkseife beim Waschen. Fette, Seifen, Anstrichmittel/Ernährungsind. **65** (1963) 9, S. 762–766.
Loss, R., Stärke- und modifizierte Stärkeprodukte in der Appretur. SVF Fachorgan Textilveredl., Basel **18** (1963) 9, S. 579–580.

Färberei

Faldik, H., Das Thermosolverfahren für das Färben vollsynthetischer Fasern und deren Mischgespinste. Spinner, Weber, Textilveredlung **81** (1963) 9, S. 906–908.
Neues Färbeverfahren für große Kammzüge. Dyer, Textile Printer, Bleacher, Finisher **130** (1963) 7, S. 499–500.
Korčagin, M. V., Čačkovskaja, G. A., u. *Sikanova, I. A.*, Zur Frage des Kontinuefärbens von Kammzugband. Izv. vysšich uč. Zav. Technol. tekstil. Prom. (Hochschulnachr. Technol. Textil-Ind.) (1963) 3, S. 88–94.
Wissenswertes aus der Praxis. Das kontinuierliche Färben von Wollkammzug auf dem WAF-Dämpfer von Fleissner. Textil-Rdsch., St. Gallen **18** (1963) 9, S. 495.
Haelters, M., u. *Herrmann, G.*, Über den heutigen Stand der Färberei von Trikotagen aus nativen und regenerierten Cellulosefasern. SVF Fachorgan Textilveredl., Basel **18** (1963) 9, S. 558–568.
Peter, M., Cibacron-Katalysator CCB bei der partieweisen Erschöpfungsfärberei. Dyer, Textile Printer, Bleacher, Finisher **130** (1963) 4, S. 218 bis 221.
Wagner, E. F., Einfluß von Pyrophosphat und Tripolyphosphat auf Metallkomplexfärbungen. Fette, Seifen, Anstrichmittel/Ernährungsind. **65** (1963) 9, S. 759–762.
Färben von Acrilan-Mischungen. Dyer, Textile Printer, Bleacher, Finisher **130** (1963) 7, S. 529, 531, 533, 534.

Druckerei

Parikh, D. V., Pigmentdruck: Anwendung auf Textilien. Amer. Dyestuff Rep. **52** (1963) 16, S. 21(590)–25(594).

Ausrüstung. Trocknung

Pajgrt, O., Begründete technologische Vorgänge bei der Ausrüstung von Geweben mit Gehalt an PEF und deren praktische Bedeutung. Textil, Praha **18** (1963) 9, S. 341–344.

Olson, E. S., Einige Grundlagen der hochelastischen Baumwollerzeugnisse. Amer. Dyestuff Rep. **52** (1963) 18, S. 21(672)–28(679), 52(701).

Iancu, F., *Wagner, I.*, u. *Solomon, I.*, Das Bleichen von Wollgarnen für Strickwaren. Ind. textilă, Bucureşti **14** (1963) 9, S. 398–404.

Moran, C. M., *Vail, S. L.*, u. *Reid, J. D.*, Herstellung und Stabilität der Cellulosederivate von Hydrazid-Formaldehyd-Addukten. IEC, Ind. engng. Chem./Product Res. Development **2** (1963) 3, S. 178–182.

McPhee, J. R., Schrumpffestausrüstung von Wolle mit Peressigsäure und nachfolgender Behandlung mit Natriumsulfit. Textile Res. J. **33** (1963) 9, S. 755–757.

Andrews, M. W., *Inglis, A. S.*, *Rothory, Freda E.*, u. *Williams, V. A.*, Untersuchungen über die Schrumpffestausrüstung von Wolle, Teil III. Fasermodifikation bei Behandlungen mit neutralem Kaliumpermanganat in Salzlösungen. Textile Res. J. **33** (1963) 9, S. 705–711.

Whitfield, R. E., *Miller, L. A.*, u. *Wasley, W. L.*, Stabilisierung von Wollgeweben durch Grenzflächenpolymerisation. Teil V. Copolymere. Textile Res. J. **33** (1963) 9, S. 752–754.

Glaß, H., Krumpfarmausrüstung von Trikotagen aus Cellulosefasern. Dt. Textiltechnik **13** (1963) 10, S. 533–537.

Borsten, H., Einige grundlegende Aspekte der Mercerisierung von Garnen und Geweben. Teintex, Paris **28** (1963) 10, S. 777–798 (12 S.).

Kuwazana, Z., u. *Nakamura, S.*, Untersuchungen über die mottenfeste Ausrüstung. Teil II. Fortlaufende Schädigung verschiedener Art an Fasern durch die Larve von zwei Gewebemotten mit einer Anmerkung über deren Lebensdauer. Teil III. Durch zwei Arten von Kleidermotten an mottenfest ausgerüsteten Wollgeweben verursachte Schädigungsbilder. Textile Res. J. **33** (1963) 8, S. 649–660; 9, S. 745–752.

Möglichkeiten des kantenbruchfreien Ausrüstens von Rundstrickware. Wirk.- u. Strick.-Technik **13** (1963) 9, S. 477–478.

Lindberg, J., *Køpke, V.*, u. *Fløisand, G.*, Wärmefixieren von Protein- und Cellulosefasern. Norsk Tekstiltid. **44** (1963) 13, S. 82–94 (8 S.).

Francis, T., u. *Staples, M. L.*, Die basenkatalysierte Kondensation von Cellulosegeweben mit flüchtigen Epoxiden. Textile Res. J. **33** (1963) 8, S. 583–599.

Sármány, J., u. *Surányi, V.*, Vergleichende Untersuchungen bei der Kunstharzausrüstung von Stoffen unter Verwendung ungarischer und Importprodukte. Kolorisztikai Ertesitö, Budapest **5** (1963) 2/3, S. 157–176.

Drake, jr., G. L., *Reeves, W. A.*, u. *Perkins, R. M.*, Erzeugung von Feuerbeständigkeit bei Baumwolle durch chemische Fixierung. Amer. Dyestuff Rep. **52** (1963) 16, S. 41(P608)–44(P611).

Brysson, R. J., *Reeves, W. A.*, u. *Piccolo, B.*, Die Cadmiumselenide. Neue, im Freien wirksame fungizide Gewebeausrüstungsmittel. Amer. Dyestuff Rep. **52** (1963) 17, S. 34(P642)–38(P646), 44(P652).

Bergs, H., *Blume, W.*, u. *Heiderhoff, W.*, Zur Kaschierung mit Polyurethan-Schaumstoffen. Z. ges. Textilind. **65** (1963) 9, S. 717–720.

Lüder, H., Optimierung eines Bandtrockners. Chemie-Ing.-Technik **35** (1963) 9, S. 651–653.

Kurz, J., Über den Trocknungsverlauf in Tumblern. Wäschereitechnik u. -chemie **16** (1963) 10, S. 732–734.

Morozov, G. N., Wege zur Verringerung der Ungleichmäßigkeit des Trocknens von Flachsgarn auf weich aufgewickelten Spulen. Izv. vysšich uč. Zav. Technol. tekstil. Prom. (Hochschulnachr. Technol. Textil-Ind.) (1963) 3, S. 112–117.

Wäscherei. Chemische Reinigung

Viertel, O., Wäschebewegung in Trommelwaschmaschinen. Wäschereitechnik u. -chemie **16** (1963) 10, S. 719–721.

Schwenke, G., Wäsche muß mit weichem Wasser gewaschen werden. Wäscherei **10** (1963) 10, S. 301–302.

Dehnert, F., Einfluß der Lösungsmitteltemperatur auf Textilien in der Chemischreinigung. SVF Fachorgan Textilveredl., Basel **18** (1963) 9, S. 599–601.

VIII. Werkstoffprüfung. Meß- und Prüftechnik. Standardisierung

Eigenschaften und Fehler der Textilmaterialien u. a.

Nienhuis, W. A., Ein einfaches Verfahren zur Bestimmung der CB(L)-Kurve durch Schneiden und Wiegen. J. Textile Inst. **54** (1963) 9, S. T353 bis T358.

Leonhardt, H., u. *Steude, G.*, Der Weißgehalt der Wäsche und die ihn beeinflussenden Faktoren. Wäscherei **10** (1963) 10, S. 313.

Schurz, J., u. *Windisch, K.*, Die TiO_2-katalysierte Lichtschädigung der Cellulose. Faserforsch. u. Textiltechnik **14** (1963) 11, S. 485–489.

Wibaux, G., *Outreman, P.*, *Mazingue, G.*, u. *Overbèke, M. van*, Beziehungen zwischen der Alkalilöslichkeit der Wolle und ihren mechanischen Eigenschaften. Bull. Inst. Textile France **17** (1963) 107, S. 709–731.

Watt, I. C., Das Sorptionsverhalten von mit Cystin modifizierter Wolle. Textile Res. J. **33** (1963) 8, S. 631–638.

Bey, K., Die Analyse von Hautfetten aus getragener Wäsche. I. Fette, Seifen, Anstrichmittel/Ernährungsind. **65** (1963) 8, S. 611–618.

Lindberg, J., u. *Fløisand, G.*, Beziehung zwischen Schrumpfung und Quellung für fixierte Fasern. Textile Res. J. **33** (1963) 8, S. 660–661.

Wharton, J., Wissenschaft und Technologie der Celluloseacetextilien. J. Polymer Sci., Part C (1963) 2, S. 283–286.

O'Connell, R. A., Graphische Auswertung von Feinheitsverteilungsdaten bei Wolle. Textile Res. J. **33** (1963) 9, S. 758–761.

Vinogradov, J. S., Über die Möglichkeiten und Perspektiven für die Anwendung der mathematischen Statistik bei Problemen der Textilindustrie. Izv. vysšich uč. Zav. Technol. tekstil. Prom. (Hochschulnachr. Technol. Textil-Ind.) (1963) 3, S. 150–155.

Selivanov, G. I., Der Einfluß der Schichtanzahl auf die physikalisch-mechanischen Eigenschaften von mehrschichtigen Geweben in Leinwandbindung. Izv. vysšich uč. Zav. Technol. tekstil. Prom., (Hochschulnachr. Technol. Textil-Ind.) (1963) 3, S. 77–81.

Bezdudnyj, F. F., Theoretische Bestimmung der Modallänge von Stapelfaser beim Direktspinnen aus Kabel. Izv. vysšich uč. Zav. Technol. tekstil. Prom. (Hochschulnachr. Technol. Textil-Ind.) (1963) 3, S. 57–61.

Baljasov, P. D., Ausnutzung der elektrostatischen Aufladung von Fasermaterialien zur Verbesserung des Verzugsprozesses. Tekstil. Prom.. Moskva (Textil-Ind.) **22** (1962) 9, S. 47–51 Ref.: Dt. Textiltechnik **13** (1963) 10, S. 551–553.

Rösch, M., Dispersitätsgrad und Waschwirkung. Fette, Seifen, Anstrichmittel/Ernährungsind. **65** (1963) 9, S. 755–759.

Hardy jr., H. B., Feuchtigkeitsdurchgang bei textilen Systemen. Textile Res. J. **33** (1963) 9, S. 754–755.

Woodcock, A. H., Feuchtigkeitsdurchgang bei textilen Systemen. Textile Res. J. **33** (1963) 9, S. 755.

Komarov, B. P., Der Einfluß des Zusammendrückens einer Flachsfasermasse auf die physikalisch-mechanischen Eigenschaften der Faser. Mitt. 3. Izv. vysšich uč. Zav. Technol. tekstil. Prom. (Hochschulnachr. Technol. Textil-Ind.) (1963) 3, S. 27–33.

Baljasov, P. D., Die Bedeutung des Zusammendrückens von Baumwollfasern in der Masse für die technologischen Prozesse. Mitt. 1. Izv. vysšich uč. Zav. Technol. tekstil. Prom. (Hochschulnachr. Technol. Textil-Ind.) (1963) 3, S. 7–18.

Korickij, K. I., Über den Koeffizienten für die Ausnutzung der Garnfestigkeit im Gewebe. Izv. vysšich uč. Zav. Technol. tekstil. Prom. (Hochschulnachr. Technol. Textil-Ind.) (1963) 3, S. 19–26.

Petropavlovskij, G. A., *Vasil'eva, G. G.*, *Krunčak, M. M.*, u. *Nikitin, N. I.*, Eigenschaften von Filmen niedrigsubstituierter Nitrate von Holzcellulosen. Ž. prikl. Chimii (Z. angew. Chemie) **36** (1963) 8, S. 1816–1821.

Rusa'novschi, V., *Săndulescu, M.*, u. *Subtirelu, M.*, Studie über den Einfluß des Rohmaterials und des technologischen Prozesses auf die Qualität gekämmter Baumwollgarne. Ind. textilă, Bucureşti **14** (1963) 8, S. 339–345.

Kašpárek, J., Textilphysikalische Eigenschaften direktgesponnener Polyestergarne. Dt. Textiltechnik **13** (1963) 10, S. 537–543.

Balasubramanian, N., Beitrag zur Untersuchung der B-L-Kurve von Baumwollgarnen. Textile Res. J. **33** (1963) 9, S. 697–704.

Kirjuchin, S. M., Methode der „Zeichen"-Korrelogramme für die Analyse des Charakters der Ungleichmäßigkeit von Spinnereiprodukten. Izv. vysšich uč. Zav. Technol. tekstil. Prom., (Hochschulnachr. Technol. Textil-Ind.) (1963) 3, S. 34–40.

Dorset, B. C. M., Schädigung und Abbau der Wolle durch Bewetterung und chemische Behandlung. Textile Manuf. **89** (1963) 1066, S. 437–442.

Meß- und Prüftechnik

Taschen, G., Eine Apparatur zur Messung der spezifischen Oberfläche von Pulvern. Plaste u. Kautschuk **10** (1963) 10, S. 636–639.

Mackay, B. H., Das Feuchtigkeitsgehaltsprüfgerät mit Direktablesung der C. S. I. R. O. J. Textile Inst. **54** (1963) 9, S. T376–T384.

Oldenroth, O., Hinweise zur Prüfung auf Alkalireste in Wasser und in Geweben. Z. ges. Textilind. **65** (1963) 9, S. 748, 750.

Jedryka, T., Methode zur Bestimmung der Haarigkeit von Garn. Textile Res. J. **33** (1963) 8, S. 663–665.

Vélássy, A., Prüfung der mechanischen Eigenschaften von Gewirken. Magyar Textiltechn. **15** (1963) 9, S. 418–423.

Bak, L., Die Bedeutung der Tragversuche für die Entwicklung von Mischgeweben aus synthetischen Faserstoffen und Wolle. Magyar Textiltechn. **15** (1963) 9, S. 414–417.

Fassett, D. W., Dermatitis und Prüfung der Hautverträglichkeit von Textilien. Amer. Dyestuff Rep. **52** (1963) 17, S. 39(P647)–44(P652).

Material- und Geräteprüfung unter klimatischen Bedingungen. Prakt. Chemie, Wien **14** (1963) 8, S. 346–348.

Weiner, L. I., *Pope, C. J.*, u. *Johnston jr., J. E.*, Abriebfestigkeit von bewetterten Geweben. Textile Res. J. **33** (1963) 8, S. 665–666.

Winkler, F., *Barth, R.*, u. *Sommer, H.*, Untersuchungen über das Klimaverhalten von Textilien. II. Die Veränderung des Zugfestigkeitsverhaltens von Geweben aus verschiedenen Faserstoffen durch Klimaeinflüsse. Faserforsch. u. Textiltechnik **14** (1963) 11, S. 474–485.

Wagner, E. F., Schmutzabweisung. Ein Beitrag zur Beeinflussung der Anschmutzbarkeit und Schmutzauswaschbarkeit von Wäschestoffen durch Spezialausrüstungen. Z. ges. Textilind. **65** (1963) 9, S. 731–732, 734, 736, 738, 740, 742, 744, 746.

Messen und Regeln von Flächengewichten und Dicken mit Hilfe von Strahlenabsorption. Melliand Textilber. **44** (1963) 10, S. 1142–1144.

Mărcut, I., Stroboskopische Verfahren zur Zeugdruckkontrolle. Ind. textilă, Bucureşti **14** (1963) 8, S. 371–373.

Nestler, H., u. *Berger, W.*, Gas-Chromatographische Untersuchungen von Retortenabgasen der CS_2-Produktion. Chem. Technik **15** (1963) 10, S. 616 bis 617.

Svoboda, F., Bewertung von enzymatischen Entschlichtungsmitteln. IV. Textil, Praha **18** (1963) 9, S. 339–341.

Ševčík, F., Einige Probleme der praktischen Bestimmung des Wärmefixiergrades bei Polyamid-6-Faserstoffen. Textil, Praha **18** (1963) 9, S. 347 bis 349.

Šilova, N. I., Untersuchung der Streckkräfte in einem gekrümmten Feld vom Typ „2 über 3" bei der Verarbeitung von ungleichartigen Mischungen. Izv. vysšich uč. Zav. Technol. tekstil. Prom. (Hochschulnachr. Technol. Textil-Ind.) (1963) 3, S. 62–67.

Apperley, T. W. I., Farbechtheit und Prüfung von Textilausrüstungen. Teil II. Textile Res. **81** (1963) 967, S. 103–104.

Neues Verfahren stellt Farben durch Auswertgerät ein. Textile Manuf. **89** (1963) 1066, S. 443, 444.

Weiner, L. I., u. *Pope, C. J.*, Korrelation zwischen Labor-Scheuerprüfgeräten. Textile Res. J. **33** (1963) 9, S. 761–764.

IX. Betriebstechnik. Ökonomie. Tagungsberichte u. dgl. Sonderfragen

Betriebstechnik

Marcinowski, H.-J., u. *Perizonius, R.*, Hinweise auf die Anwendung der Kernstrahlung in Technik und Wissenschaft, 2. Kurzhinweise auf die Anwendung in der Textilindustrie. Textil-Rdsch., St. Gallen **18** (1963) 9, S. 488–492.

Reinsch, H. H., Anwendungsmöglichkeiten für Radioisotope in der Textilindustrie. Textil-Rdsch., St. Gallen **18** (1963) 9, S. 493–494.

Ökonomie

Pügge, K. H., Verbesserte Methoden zur Ermittlung der unvollendeten Produktion im Spinnprozeß. Dt. Textiltechnik **13** (1963) 10, S. 505–509.

Burduja, I., Untersuchungen über den spezifischen Materialverbrauch in der Wollindustrie. Ind. textilă, Bucureşti **14** (1963) 8, S. 346–352.

Großbritannien erhöht die Synthesefaserkapazität. Neue Nylon-6-Anlage schon in Erweiterung: Erhöhungen auch bei Nylon-66 und Acrylfasern. Chem. engng. News **41** (1963) 41, S. 39–40.

Automatische
Webketten-Anknüpfmaschine
Modell AWA
Universal in ihrer Anwendbarkeit
knüpft Webketten
mit und ohne Fadenkreuzen
stationär und transportabel
GUIDO HERRMANN
MASCHINENFABRIK
Großschönau (Sa.)

WEROL
die
Schmälze
zur Erzeugung
hochwertiger Textilgewebe
HANS PALTZOW
CHEMISCHE FABRIK · WERDAU (SACHS)

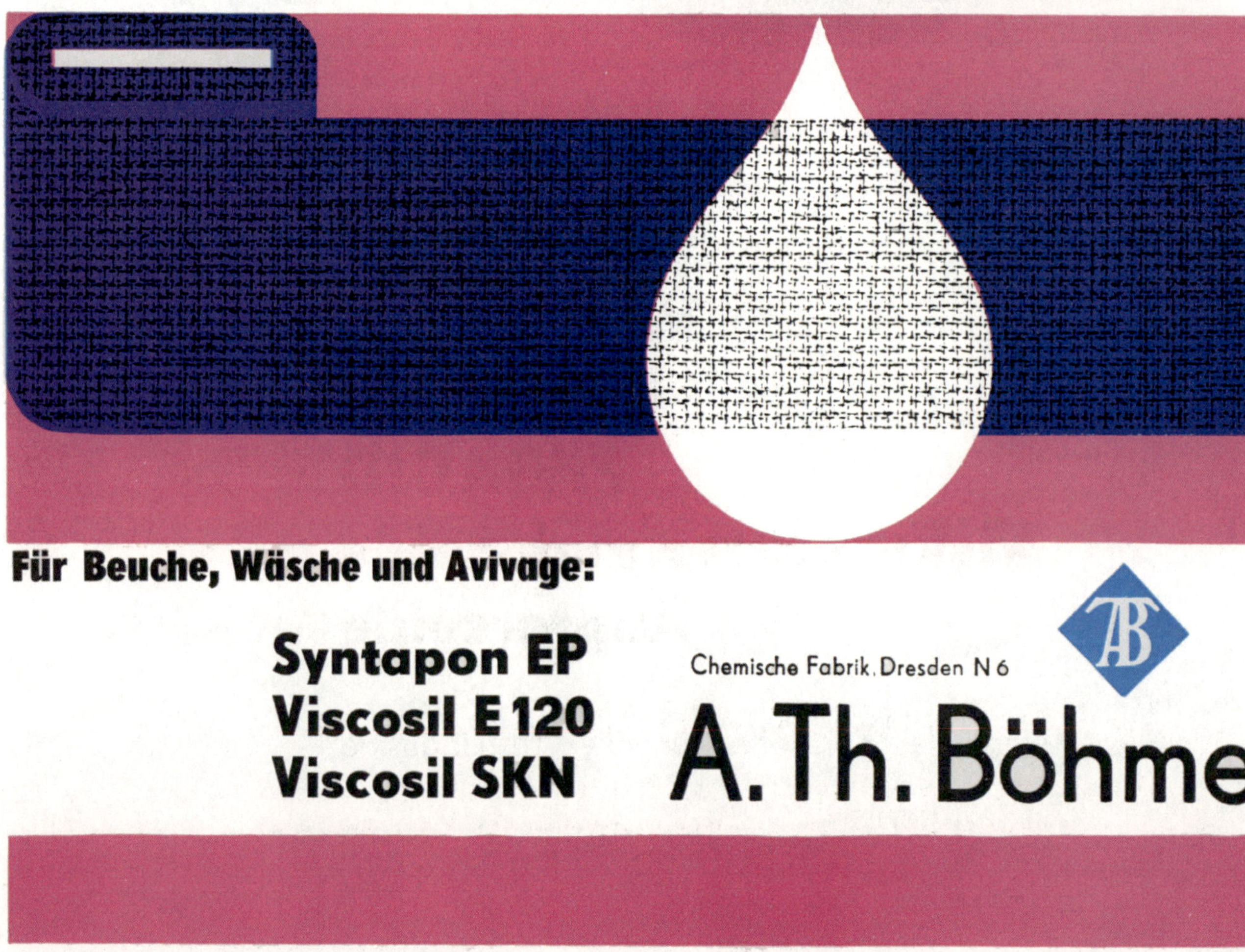

Für Beuche, Wäsche und Avivage:
Syntapon EP
Viscosil E 120
Viscosil SKN
Chemische Fabrik, Dresden N 6
A. Th. Böhme

TEXTIMA

31712